数学简史丛书
Pioneers in Mathermatics

U0176396

未来的数学
Future Mathematics

[美] 迈克尔·J·布拉德利————著

蒲 实————译

上海科学技术文献出版社
Shanghai Scientific and Technological Literature Press

图书在版编目（CIP）数据

未来的数学／（美）迈克尔•J. 布拉德利著；蒲实译.
—上海：上海科学技术文献出版社，2023（2024.11重印）
（数学简史丛书）
ISBN 978-7-5439-8775-3

Ⅰ．①未⋯　Ⅱ．①迈⋯②蒲⋯　Ⅲ．①数学史—
世界—普及读物　Ⅳ．① O11-49

中国国家版本馆 CIP 数据核字（2023）第 033342 号

Pioneers in Mathematics: Mathematics Frontier: 1950 to the Present

图字：09-2021-1009

选题策划：张　树
责任编辑：王　珺
封面设计：留白文化

未来的数学
WEILAI DE SHUXUE
[美]迈克尔•J. 布拉德利　著　蒲　实　译
出版发行：上海科学技术文献出版社
地　　址：上海市淮海中路 1329 号 4 楼
邮政编码：200031
经　　销：全国新华书店
印　　刷：商务印书馆上海印刷有限公司
开　　本：650mm×900mm　1/16
印　　张：7.5
字　　数：84 000
版　　次：2023 年 5 月第 1 版　2024 年 11 月第 2 次印刷
书　　号：ISBN 978-7-5439-8775-3
定　　价：30.00 元
http://www.sstlp.com

目 录

前　言

　　人类孜孜不倦地探索数学。在数字、公式和公理背后，是那些开拓人类数学知识前沿的先驱者的故事。他们中有一些人是天才儿童，有一些人在数学领域大器晚成。他们中有富人，也有穷人；有男性，也有女性；有受过高等教育的，也有自学成才者。他们中有教授、天文学家、哲学家、工程师，也有职员、护士和农民。他们多样的背景证明了数学天赋与国籍、民族、宗教、阶级、性别以及是否残疾无关。

　　本书记录了十位在数学发展史上担任过重要角色的数学大师的生平。这些数学大师的生平事迹和所作的贡献对初高中学生很有意义。总的来看，他们代表着成千上万人多样的天赋。无论是知名的还是不知名的，这些数学大师都在面对挑战和克服障碍的同时，不断地发明新技术，发现新观念，扩展已知的数学理论。

　　本书讲述了人类试图用数字、图案和等式去理解世界的故事。其中一些人创造性的观点催生了数学新的分支；另一些人解决了困扰人类很多个世纪的数学疑团；也有一些人撰写了影响数学教学几百年的教科书；还有一些人成为了在种族、性别或者国家中最先因为数学成就获得肯定的先驱。每位数学家都是突破已有的基础、使后继者走得更远的创造者。

从十进制的引入到对数、微积分和计算机的发展，数学历史中最重要的思想经历了逐步的发展，每一步都是无数数学家个人的贡献。很多数学思想在被地理和时间分隔的不同文明中独立地发展。在同一文明中，一些学者的名字常常遗失在历史中，但是他作出的某一个发明却融入了后来数学家的著述中。因此，要准确地记录谁是某一个定理或者某一个思想的确切首创者总是很难的。数学并不是由一个人创造，或者为一个人创造的，而是整个人类求索的成果。

阅读提示

数学知识的进步是所有民族、种族、国家和性别的天才共同智慧的结晶。他们来自美国、英国、中国、比利时、爱尔兰等国家，他们是国际化数学界的代表。20世纪数学研究的显著特点是，学者们组成国际团体，分享创意新知，致力于共同研究课题。

20世纪后半叶，美国崛起成为国际数学界的领衔国家。美国新泽西普林斯顿的高级研究中心吸引了世界顶级的数学家在这里长期合作。美国的许多大学和工业基地都有强大的科研队伍，其中包括新泽西的贝尔实验室。他们吸引了世界上最优秀的学者，也培育出最具天赋的青年。

这些数学家中有几位解决了多年来难以找到解答的数学难题。从20世纪初以来，数学家们就一直试图解答希尔伯特的第十个问题。朱丽亚·罗宾逊用二十余年的时间研究丢番图方程，她的研究成果成为解决这一问题的关键一环。丘成桐解决了卡拉比关于表面几何属性猜想的问题，以及微分几何的其他很多问题。20世纪最振奋人心的数学成就之一，是安德鲁·怀尔斯(Andrew Wiles)对费马定理最后一条的证明,破解了300年悬而未决的难题。

　　20世纪的数学家在纯数学和应用数学领域都作出了重大发现。他们的足迹,将新的数学思想的发展以及新技术的形成贡献了可能。

一 朱丽亚·罗宾逊

(1919—1985)

数论和数学逻辑的发现

朱丽亚·罗宾逊（Julia Robinson）的大部分职业生涯都不是全职的大学教员，但是她在数论和数学逻辑方面作出了重大贡献。她证明了环与场的决策问题定理，为数学逻辑作出了贡献。在数论上，她提出了罗宾逊假设，证明了指数丢番图方程的核心定理，这对解决希尔伯特的第十个问题至关重要。她是美国国家科学院第一位女性数学家，是美国数学学会的主席，并因其对数学的贡献获得了麦克阿瑟基金奖。

朱丽亚·罗宾逊提出了罗宾逊假设，证明了指数丢番图方程的核心定理。这个定理对解决希尔伯特的第十个问题至关重要（特此感谢康斯坦斯·里德）。

 数学学子

朱丽亚·霍尔·鲍曼（Julia Hall Bowman）于1919年12月8日

1

出生在美国密苏里州的圣路易斯。她的父亲拉菲尔·鲍尔斯·鲍曼是名器械商，母亲海伦·霍尔·鲍曼毕业于商学院。1922年母亲去世后，朱丽亚和姐姐康斯坦斯就去了亚利桑那菲尼克斯附近一个偏僻的小地方，和祖母住在一起。一年后，父亲把生意转手，和第二任妻子伊登尼亚·克里德堡一起搬到亚利桑那。1925年，他们一家搬到加利福尼亚的洛马角（Point Loma）。朱丽亚在那里上了小学，直到9岁的时候因为感染猩红热、风湿热和舞蹈病而休学。她在一家护理院躺了一年，然后在圣迭戈的新家休养了一年。其间她跟着家庭教师学习，一周学习3个上午。12个月之内，她成功地掌握了5—8年级的课程。

朱丽亚喜欢玩水枪和来福枪，也喜欢骑马和艺术。除此之外，在高中和大学学习过程中，她对数学的兴趣越来越浓厚了。1936年从圣迭戈高中毕业时，她获得了学校的数学奖、生物奖、物理奖以及科学通才奖。16岁她进入圣迭戈国立学院，希望能获得数学教师的资格。然而，在数学史的课程中，她阅读了埃瑞克·滕博尔·贝尔（Eric Temple Bell）的《数学人》一书，由此对数学研究和数论着迷。大学3年级以后，她转到了加利福尼亚伯克利分校，开始了数学研究院的生涯。

在伯克利，她结识了许多数学学生和教授，他们给她很多的帮助。1940年，她获得数学学士学位，并进入伯克利研究生院。她参加了数学家兄弟会。研究生第一年的时候，她在俄罗斯统计学家耶尔泽·奈曼（Jerzy Neyman）的伯克利统计实验室做实验助手。1941年，她取得了数学硕士学位。她还通过了公务员考试，本可以在华盛顿做一名夜间工作的初级统计员，但是她还是放弃了这个职位，决定继续深造。在研究生院的第二年，她获得了助教的职位，教统计概论。1941年12月，她和拉菲尔·罗宾逊结了婚。他是她在伯克利第一年教授数论的教授。大学的校规不允许夫妻在同一个院系任教，因此在第二次世界大战期间，朱丽亚·罗宾逊改做伯克利统计实验室一个军事项目的研究助手，同时继续旁听研究生院的数学课。1948年，她在《加利福尼亚大学数学学刊》上发表了第一篇论文《论精确序列分析》。这是她在统计实验室研究的成果。在这篇论文中，她对前不久的序列数统计分析结果做出了新的证明。

代数中的决策问题

1946—1947年，朱丽亚·罗宾逊的丈夫在新泽西的普林斯顿大学做访问教授，她一同前往，继续从事学术研究。在普林斯顿，她对数学逻辑产生了兴趣。数学逻辑是数学的分支学科，通过形式论证和连贯的推理来获得抽象的结构。1947年，她回到伯克利，在波兰逻辑学家阿尔弗雷德·塔斯基（Alfred Tarski）的指导下开始博士项目。1948年，她的博士论文《代数中的可定义性和决定问题》发表在《象征逻辑月刊》上，并因此获得博士学位。她的研究还扩展了塔斯基和出生在摩拉维亚的美籍逻辑学家库尔特·古德尔（Kurt Goedel）的工作。1931年，在古德尔的自然数算法不可决定原理中，他证明了没有单一的运算法则能够确定与加法、乘法、初等逻辑和代表正整数变量有关陈述的真伪。1939年，塔斯基指出，通过证明存在一个能够判定实数命题真伪的运算法则，就可以证明实数的算法是可以被确定的。朱丽亚·罗宾逊的博士论文证明了有理数（可以被拆分为两个整数之积的数）的代数运算是不可被决定的，这是因为含有有理数的每个方程都可以通过无限次的代数运算转化为含有整数的方程。罗宾逊的结论是，有理数代数可以充分构成所有基础数论的问题，而有理数域在算法上是不可解的。虽然数学家们仍然在研究这个问题，但至今没有任何人超越朱丽亚·罗宾逊的结论。

在接下来的几年中，朱丽亚·罗宾逊继续她的研究，发表了3篇关于数学逻辑中决定问题的文章。1959年，她的论文《代数环和场的不可被决定性》发表在《美国数学界学报》上，把博士论文的结论扩展到更广义的数学结构，即环和场。1962年她的论文《论代数环的决定问题》发表于《数学分析和相关课题研究：纪念乔治·波尔亚（George Polya）论文集》上。她指出代数各种场中的整数环是不可决定的。在1963年伯克利国际讨论会上，她在论文《可定义性及场和环中决定问题》中，阐明了更进一步的结论。该论文收入1965年专著《模的理论》中。她的研究使其他的数学家对任意数场决定问题不可解的证明成为可能。

 博弈论与政治学

1949—1950年，朱丽亚·罗宾逊作为初级数学家就职于美国加利福尼亚圣达摩尼卡的兰德公司。她研究了有限的二人零和博弈策略。在二人博弈中，竞争参与者双方的选择都会导致一方获益和另一方同等程度的损失。她提出了用重复方法求解这个"虚拟游戏"问题值的方法。在重复博弈中，每一个参加者都会对所有竞争对手的行为做出反应，采用最优战略。在她的论文《求解博弈问题的重复方法》中，她证明了如果参与者增加，那么两个竞争者的收益就会汇聚于游戏之中。这篇论文发表于1951年的《数学年报》上，是她在这个数学分支中唯一的著作，五十多年来一直是博弈论的奠基作之一。

20世纪50年代，朱丽亚·罗宾逊一直参与她最初研究的数学领域之外的多项研究。1951—1952年，她获得了美国海军研究署的一项资助，在斯坦福大学从事应用数学的工作，这项工作研究水力，即运动中液体的属性。那时加利福尼亚大学的行政长官要求所有教职员工都签署一个反共和党忠诚誓言，朱丽亚·罗宾逊支持那些因为拒绝顺从而失去工作的教员。她深深卷入了民主党的政治活动，积极支持伊利诺伊州长阿德莱·史蒂芬森（Adlai Stevenson）1952年和1956年两次失败的总统选举。1958年，她作为乡村选举团组织者，支持阿兰·克兰斯顿（Alan Cranston）成功当选州长。

 希尔伯特的第十个问题

虽然朱丽亚·罗宾逊的兴趣很广泛，但是她一直都致力于数论领域的数学研究，这个领域主要研究正整数的属性。在她的数学研究生涯中，首要的关注点是丢番图分析，即数论中求整数系数的多项式方程整数解的方法。1900年，德国数学家大卫·希尔伯特提出了23个数学问题，他视这些问题为20世纪数学进程中的中心问题。他列出的第十个问题是要求数学家找到一种算法，来确定给出的丢番图方程是否有整数解。1948年，朱丽亚·罗宾逊开始着手于研究希尔伯特的第十个问题，到1976年她发表了关于这个问题的最后一篇论文，她在解决这个问题上作出了一系列不可替代的重大贡献。

朱丽亚·罗宾逊最初对解决希尔伯特的第十个问题的贡献主要在回归方程上，也就是每个正整数的值由更小正整数的值所决定的方程。1950年，在马萨诸塞州的剑桥举行的哈佛大学国际数学大会上，朱丽亚·罗宾逊做了一个题目为《普遍回归方程》的简短谈话，后来发表在《美国数学界学报》上。她在这篇论文中证明，一个变量的所有普通回归方程都可以通过合成或者倒置的方法从两个特殊的原始回归方程中得到。在稍后的论文中，她发现了回归方程的其他属性和回归定义的束。

1952年，她的论文《代数中存在判断的可定义性》发表于《美国数学界学报》上。文中，她证明了存在判断的可定义性的几个重要的结论和指数方程。如果一个可解丢番图方程中的参数可以得出整数集的所有值，那么这个正整数集是存在判断可定义的。求幂是高阶的运算，比加法和乘法更加复杂。在求幂运算中，代数表达中的幂数或者指数是一个变量，而不是一个数。在这篇论文中，朱丽亚·罗宾逊证明了在求幂运算中，二项式系数、阶层和质数是存在判断可定义的。她也证明了在显示出粗糙幂增长的等式中，求幂关系 $x=y^2$ 是存在判断可定义的。她把研究范围从多项式丢番图方程扩大到求幂丢番图方程，这篇论文对解决希尔伯特的第十个问题作出了重要贡献。

1959—1961年，朱丽亚·罗宾逊与美国研究员马丁·戴维斯（Martin Davis）和希拉里·普特曼（Hilary Putman）合作，得出了离解开希尔伯特的第十个问题仅一步之遥的结论。1959年，戴维斯和普特曼给朱丽亚·罗宾逊寄了一份论文草稿，是他们正在做的求幂和回归束。朱丽亚·罗宾逊帮助他们简化了证明过程，并去掉其中一条限制条件,从而强化了定理的解释力。他们合作的成果是1961年发表在《数学年刊》上的《求幂丢番图方程的决定问题》。在这篇论文中,他们证明了在求幂中,每个回归可列举束都是存在判断可定义的。这个结论的后果是,没有算法可以确定幂丢番图方程是否有整数解。

在这篇论文中,朱丽亚·罗宾逊提出了一个罗宾逊猜想。她假设存在一个丢番图方程,增长比二项式方程快,但是不比幂方程快。如果这个方程真的存在,求幂就是存在判断可定义的,幂丢番图方程就和二项式丢番图方程等值,因此,对希尔伯特的第十个问题的回答应该是否定的——不可能创造一种运算法则来决定给出的丢番图方程是否有整数解。在1960年国际逻辑、方法论和科学哲学大会上,她提交了他们共同的论文,题目为《幂丢番图方程的不可决定性》。

1961年,朱丽亚·罗宾逊接受了去除疤痕组织的心脏手术,这是她幼年那场风湿热的病留下的后遗症。手术之后,她的健康状况有了好转,可以骑车、徒步旅行和划独木船,并且作为加州大学伯克利分校的兼职教员每年讲授一门研究生的数学课。她频繁参加数论的学术会议,提交她对于丢番图方程的研究论文。1968年,她的论文《一个变量的回归方程》发表在《美国数学界学报》上。她证明了所有的回归方程都可以通过零方程和后续函数,用合成和普通回归的运算方法得到。学报还发表了她的另外两篇相关论文《回归可列举束的有限代》和她在1969年的论文《不可解的丢番图问题》。她还撰写了一篇总结希尔伯特的第十个问题研究现状的文章。其中一篇是1969年的文章《丢番图决定问题》,发表在《数论研究》上。还有一篇是她在纽约的斯多尼布鲁克(Stony Brook)数论暑期研究所

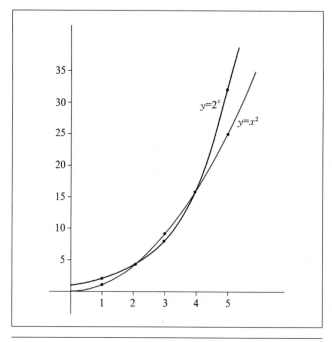

幂方程$y=2^x$比二项式方程$y=x^2$增长得快。解决希尔伯特的第十个问题的关键步骤，是猜想存在一个比二项式方程增长得快，但是不比幂方程增长得快的丢番图方程，这就是罗宾逊的假设。

做的发言——《希尔伯特的第十个问题》。

1970年1月，22岁的俄罗斯数学家尤利·马提亚舍维奇（Yuri Matijasevich）发现了满足罗宾逊猜想的丢番图方程，最终解决了丢番图方程问题。他指出，在$n=F_{2m}$的关系中，当F_{2m}是斐波那契序列的第$2m$个元素时，斐波那契数1，1，2，3，5，8，13，21……可以用含有n、$2m$的二项式丢番图方程和整数变量来表达。马提亚舍维奇构建的这个例子对罗宾逊猜想提出了必要的存在性定义，即存在一个比二项式增长得快，但不比幂方程增长得快的方程。因为最终解决了希尔伯特的第十个问题，朱丽亚·罗宾逊、马提亚舍维奇、达维斯和普特曼获得了国际的广泛承认,一起被列为"荣誉级"数学家。

在用否定法成功地解决了这个著名的数学难题后,朱丽亚·罗宾逊开始研究丢番图方程的其他属性。1971年,在罗马尼亚布加勒斯特举行的第四届逻辑、方法论和科学哲学国际会议上,她提交了题为《解决丢番图方程》的论文。在论文中,她对可以用已知方法求整数解丢番图方程进行了归类。在1973年发表于《代数和逻辑的一些选定问题》上的论文《数论方程的公理》中,朱丽亚·罗宾逊对数论函数给出了有限组公理,从这些公理中可以推导出皮阿诺(Peano)公理。

接着朱丽亚·罗宾逊开始了和马提亚舍维奇的研究合作。她成功地找到了减少丢番图方程变量个数的方法。1974年,在他们的论文《可列举数列的两个普遍的三变量表达》中,证明了幂增长关系仅用三个变量就可以定义。这篇论文发表在俄罗斯期刊《数论和数学逻辑》上。次年,他们的合作论文《把任意丢番图方程简约为一个由13个未知数组成的方程》发表于《代数录集》上。论文反映了如何把一个任意的丢番图方程重新写为一个至多由13个变量组成的等价方程。不久,马提亚舍维奇成功地把必要变量的数量减少为9个。他坚持要把朱丽亚·罗宾逊列为共同作者,以肯定她对研究方法作出的贡献,但是朱丽亚·罗宾逊拒绝接受这个荣誉。结果是,直到1982年,这个发现才被加拿大数学家詹姆斯·琼斯(James Jones)写进了他的论文《普通丢番图方程》中,发表在《象征逻辑月刊》上。

朱丽亚·罗宾逊、马提亚舍维奇和达维斯一起合作,于1974年完成了论文《希尔伯特的第十个问题——丢番图方程:一个负解的诸多积极面》。1974年5月,在迪卡尔布北伊利诺伊大学希尔伯特问题讨论会上,朱丽亚·罗宾逊提交了这篇论文。论文通俗地介绍了数学逻辑学家求解希尔伯特的第十个问题所获得的很多结果。1976年,这篇论文在会议记录中发表,题目为《由希尔伯特的问题而来的数学进展》。这也是她发表的最后一篇论文。

 ## 专业领域中的荣誉和贡献

  1976—1985年,朱丽亚·罗宾逊大部分时间都在协助她的同行工作,以及接受她在解决希尔伯特的第十个问题中所扮演的角色所带来的荣誉。1976年,她入选美国国家科学院(NAS)。同年,加州大学伯克利分校聘请她为终身全职教授,这是当时的伯克利从未有过的先例。学校还根据她的身体状况减轻她的教学负担。这是她曾经做过兼职讲师的地方。1978年,她被选为美国数学学会副主席,并被推荐为美国科学进步协会的成员。

  随之而来斐然的声望让她不断受到国家级会议的演讲邀请。1980年,美国数学学会邀请她出席安·阿尔伯在密歇根大学举行的第八十四届夏季会议声望最高的讨论式演讲。她的4个演讲总称为《在逻辑和算术之间》,讲述了她在数学逻辑和数论领域的兴趣所在:从古德尔的工作与可计算性,到希尔伯特的第十问和指数方程,再到各种场和域的决定问题,最后到非标准的代数模型。女数学家协会(AWM)1982年1月在俄亥俄州辛辛那提召开的联合数学大会上,提名她为艾米·努德(Emmy Noether)讲师。在这次大会上,上千名来自工业与应用数学学会、美国数学学会以及女数学家学会的数学家汇聚一堂,听她演讲《代数中的函数等式》。

在随后的几年中,美国数学学会和其他一些组织仍然继续以各种方式肯定朱丽亚·罗宾逊的成就。1982年,她以绝对的优势被数学界同仁选为美国数学学会会长。在1982—1983年、1983—1984年的两届任期中,她主张并支持在数学及其他科学领域给予女性科学家和未被充分代表的少数族裔更多的发展机会。1983年,由于她对数学的贡献,她被授予约翰·D.和凯瑟琳·T.麦克阿瑟基金奖,获得连续5年提供给她6万美元的年度研究经费。1985年,美国艺术与科学院选举她为成员。同年,科学学会主席团选举她为主席,但是因为健康状况恶化,她没有接受。

1985年7月30日,在和白血病进行了长期的搏斗之后,朱丽亚·罗宾逊与世长辞,享年65岁。圣迭戈高中设立了朱丽亚·罗宾逊数学奖,奖励那些数学成绩优异的毕业班学生,以纪念她。她的丈夫设立了朱丽亚·B.罗宾逊奖学基金,奖励优异的伯克利分校的数学系研究生。这些奖项用于鼓励和帮助那些有天赋的人在数学领域从事他们感兴趣的工作。

结语

在去世前,朱丽亚·罗宾逊曾说过希望人们以后回忆起她时,不是想起她所获得的某项荣誉或者某个职位,而是记得她解决过的问题和证明过的定理。作为第一位入选国家科学院、第一位担任美国数学学会的主席、第一位获得麦克阿瑟基金奖的女性,朱丽亚·罗宾逊的这些荣誉都来自她在数学逻辑和数论的发现。她在博士论文中得出的结论,以及在场和域决定问题上的研究论文,都为理解数学逻辑中的决定问题作出了贡献。她的罗宾逊猜想和她对指数丢番图方程关键定理的证明，是解决希尔伯特的第十个问题的关键步骤，是数学发展史上耀眼的明珠。

二 欧内斯特·威尔金斯

(1923—2011)

数学家、科学家和工程师

J. 欧内斯特·威尔金斯从事随机多项式求零的研究。他还协助开发了防伽马射线辐射的防护罩（特此感谢丹·德莱，芝加哥大学的校友杂志）。

在J. 欧内斯特·威尔金斯（J. Ernest Wilkins, Jr.）60年硕果累累的生涯中，他因为对数学、科学和工程的贡献而获得了世界的肯定。他是第一批获得数学博士学位的非洲裔美国人之一，供职于高级研究机构，还入选美国国家工程院。

他的数学研究对微分方程、高级微分、几何、函数理论以及多项式领域都作出了贡献。他还设计了太空望远镜的光学器件和冷却引擎的散热片。他最卓越的贡献是发现了伽马射线的渗透性和中子能的分布，这对设计核能工厂和放射场至关重要。

早期成就

1923年11月23日，J. 欧内斯特·威尔金斯出生在美国芝加哥。威尔金斯的父亲是一个成功的律师，担任库克乡村酒吧协会的主席。这是一个芝加哥附近非洲裔律师的职业组织。20世纪50年代，威尔金斯的父亲被艾森豪威尔总统任命为劳动助理秘书并加入民权委员会，从而成为全国闻名的人物。威尔金斯的母亲获得了硕士学位后在芝加哥的学校从事教学工作。威尔金斯的两个弟弟约翰和朱利安都获得了法学学位，并参与到父亲的律师事业中。

威尔金斯还是孩子的时候，就显示出了非比寻常的心智水平。13个月的时候，他就能够背诵字母，5岁的时候就学会了加减乘除。小学的时候，他的智力测验分数是163分，是天才的分值。他也喜欢参与竞争。7岁的时候，他已经是打二十一点的高手了，几年以后他获得了社区乒乓球比赛的冠军。

在学校中，威尔金斯的成绩一直很优异，他以突出的各科成绩提前4年高中毕业。13岁时他成为芝加哥大学有史以来录取的年龄最小的学生。他的教授们推荐他成为在大学生中声望最高的国家荣誉协会Phi Beta Kappa的成员。在由美国数学协会资助的威廉·劳威尔·普特南（William Lowell Putnam）全国数学竞赛中，他进入了全国前10名。1940年，威尔金斯从大学毕业，获得数学学士学位，年仅16岁。

芝加哥大学邀请威尔金斯继续深造，攻读数学博士学位。要获得这个学位，学生必须参加额外课程，并通过研究证明新的定理或者数学规律。完成一年的高级课程以后，1941年，威尔金斯获得硕士学位。在接下来的一年半中,他完成了更加专业的高级数学课程,和他的研究生导师马格努斯·贺斯特纳斯(Magnus Hestenes)一起,研究解决高级微分问题的技巧。在他的博士毕业论文《变量微积分中参量形式的多重积分》中,他发表了他的研究结果。1942年12月,19岁生日刚过去几个星期,威尔金斯就成为第八位获得数学博士学位的非洲裔美国人。

数学教授

新泽西普林斯顿高级研究院的数学所给威尔金斯提供了博士后研究奖学金。1942—1943年,在全美最顶尖的数学机构中,他成为在那里开展研究的8名数学家中的一员。他获得的这个机会,令他成为该机构邀请任命的第二位非裔美国数学家,美国历史上只有两位。经过潜心的全职研究,他在高级几何上有了新的发现,并在论文中描述了他的发现。1943年,《杜克数学期刊》发表了他的两篇研究论文:《第一典范笔形》和《投影微分几何的一类特殊表面》。

完成博士后研究后,威尔金斯在获得大学教授教职上遇到了困难,只有美国南方为数不多的几个被称为"有黑人历史的学院和大学"(HBCUs)的高校才愿意聘用非裔教员。这些院校的首要任务是给非裔美国人,无论性别,提供高等教育,因为很多高等教育机构都拒绝接受非裔的学生。美国亚拉巴马州的塔斯克大学就是这样的一个机构。1943—1944年,威尔金斯受聘成为数学系教授。虽然威尔金斯比他的一些学生年龄还小,但他以丰厚数学知识和他对教学的关注赢得了学生的尊重。他继续在微分方程、高等微积分、高等几何、统计学和疾病扩散等领域建立新理论、发展新方法的研究。任职两年中，有6家数学期刊刊登了他的7篇研究成果。这些论文包括：1944年发表在《美国数学学会报告》上的《论线性微分方程解的增长》；1944年发表在《数学年鉴》上的博士生毕业论文；1945年发表在《数学统计年鉴》上的《关于斜度与峰度》；1945年发表在《数学生物物理报告》上的《传染病的微分方程》。

科学家和工程师

虽然威尔金斯的早期成就都预示着他一定能成为一位成功的数学研究者和大学教授，但是他出人意料地离开了学术圈，并且在接下来的26年中在工业界和政府资助的研究项目中工作。1944—1946年，他在芝加哥冶金实验室工作，研究把铀转化为钚过程中必需的冷却技术，在这个转化过程中将释放巨大的热量。威尔金斯发明了一种方法来冷却产生放射性物质的仪器。他在冶金实验室的工作是美国政府研发原子弹的"曼哈顿计划"的一部分。这一个巨大的工程聚集了上千名世界上最优秀的天才数学家、科学家和工程师，其中包括21位获得科学界最高荣誉——诺贝尔奖的科学家。

1946年，威尔金斯加入了位于纽约州水牛城的美国光学公司。在随后4年中，他以数学家的身份参与设计太空望远镜。设计这种复杂的精密镜片需要圆锥曲线的知识，还有几何和物理领域的高端知识。他继续开展数学研究，在函数理论、几何、微分方程和高等微积分领域作出成就。他的10篇研究论文发表在数学期刊上，其中包括：《具有优先限制条件的波尔扎（Bolza）等周问题》，发表在1947

年《美国数学学会报告》上；1948年发表在《数学年鉴》上的《潜析方程的普遍可求和性》；1948年发表在《美国数学学会学报》上的《贝萨尔（Bessel）方程的纽曼序列》；1950年刊登在《美国数学期刊》上的《一般化的施鲁米尔希序列的一般术语》。1947年，他与克洛丽亚·斯图尔特（Gloria Stewart）结婚，几年后夫妻俩有了一个女儿沙朗（Sharon）和一个儿子J.欧内斯特·威尔金斯三世。

1947年，威尔金斯遭受了另一次种族歧视。他当时计划参加在佐治亚州举行的美国数学学会的会议，与会者是上百名数学家和数学教授。当会议组织者知道他是黑人之后，通知他不得和白人数学家住在同一个宾馆，也不许和他们在一个餐厅吃饭，他的食宿被安排在附近的一个黑人家庭里。威尔金斯对这种被视为二等公民的对待方式激怒了，他取消了会议计划，以后很多年他都拒绝参加在南方举行的数学会议。

伽马射线

在接下来的20年中，威尔金斯一直致力于研究核反应的和平应用。1950年，他加入了纽约怀特普莱恩斯（White Plains）由其他6位科学家一起组成的美国核发展公司（NDA）。在这里，他既是一位高技术数学家，也是研发的主管，同时还是该公司的主要股东。美国核发展公司在10年中成长为一个拥有三百多名科学家的组织，威尔金斯参与了决定公司未来的重大决策。

威尔金斯和他的同事赫尔伯特·古德施坦（Herbert Goldstein）共同研究了裂变过程，在这个过程中，原子核释放出巨大的能量和低能量的射线。经过一系列的实验，他们发现高能量的伽马射线能够穿透一些物质，但不能穿透另一些物质。他们的研究成果发表在1953年《物理评论》上，标题为《伽马射线穿透的系统计算》，这项研究对建立核反应堆发电厂有重要意义。这个发现对研发保护宇航员和设备不受伽马射线以及其他太阳产生的高能量微粒放射辐射的防护罩也至关重要。

在和诺贝尔奖获得者奥格纳·维格纳（Eugene Wigner）的合作中，威尔金斯确定了如何预测在核反应中，吸收不同物质的高能量和低能量射线的数量。他们的工作被称为"维格纳-威尔金斯方法"，这一方法被用来估算中子能量的分布，是发展核燃料的关键一步。核燃料可以用来发电，给潜水艇和太空船提供动力。1956年，在国际和平利用原子能大会上，威尔金斯展示了他中子吸收的研究成果。

除了在美国核发展公司突破性的基础研究以及管理工作之外，威尔金斯仍然在继续学习深造。他在纽约大学夜间班上了两年半的课，1956年获得机械工程学士学位。他以优异的成绩毕业，被选入Pi Tau Sigma和Tau Beta Pi两个荣誉工程师组织，并获得优秀工程毕业生奖。3年以后，他获得了纽约大学机械工程硕士学位，这时他才37岁。

1960—1970年，威尔金斯继续在位于加利福尼亚圣迭戈的动力学公司原子部门进行核能量的研究。他从理论物理的助理主席、防护科学和工程助理总监升为计算研究总监。这10年间，他的研究项目中有一项是冷却核供能的引擎。核反应产生的巨大热量可以被附着在引擎上的金属翅带走，这些金属翅被称为散热片（热沉），他用数学知识确定了什么形状的散热片可以从引擎带走最多的热量。1961年发表在《工业和应用数学期刊》上的论文《最小厚度的薄散热片的最小质量》，是他多篇论文和技术报告中详细介绍研究结果的一篇。

重返教授岗位

1970年,离开了26年的威尔金斯重新回到学术界,在华盛顿特区的霍华德大学热应用数学物理专业担任资深教授。他教学生如何用数学和物理的理论和方法来解决光学、核能以及科学和工程其他分支的问题。他新的研究兴趣包括赌博策略、线性系统、多项式的根、希尔伯特空间以及多重积分,并在数学期刊上发表了8篇相关论文。其中包括1972年发表在《美国数学学会学报》上的《存在内部限制的粗略策略》;1973年发表在《应用数学分析期刊》的《一个任意多项式实根期望个数的最大值》;1975年发表在《最优化应用数

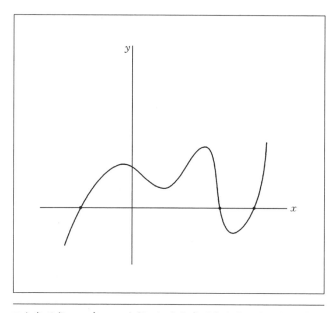

N次多项式可以有0—n个根,也就是多项式曲线和水平轴的焦点个数。威尔金斯分析了当多项式系数任意的时候,根的平均个数。

学》中的《希尔伯特空间的变分问题》。

除了教学和研究，威尔金斯还和詹姆士·唐纳逊（James Donaldson）——霍华德数学系的系主任，一起为改变非裔美国人获得数学学位的困难状况而努力。他们一起组织了一个博士项目，1976年，霍华德大学成为第一所提供数学博士学位的大学。在大学校园外，1974—1975年，他还是美国核学会的主席；1975—1977年，任美国数学学会委员会成员。

1977—1984年，威尔金斯离开霍华德大学，任职于爱达荷州的一家大工程公司EG&G。他担任公司的副总裁和科学工程部的副经理，把核科学和光学的研究结合起来。1982年他在《核科学和工程》上发表了论文《核反应的最小临界质量，第一部分和第二部分》，讨论了核反应设计和操作的临界问题。在1984年发表于《美国光学学会期刊A：光学与视觉科学》上的论文《发光分解度的最大临界》中，他展示了研究光学设备的设计和制造的成果。1984—1985年，他是前冶金实验室（现更名为"Argonne国家实验室"）的访问科学家。30年前，威尔金斯曾在这里参与过曼哈顿计划。此时，当时的研究都转为美国能源部和平利用核能的研究。

暂时退休

1985年，威尔金斯退休。但是5年后，他又重新出来工作，成为亚特兰大佐治亚州州立大学应用数学和数学物理的资深教授，这是美国的另一所UBCU。在这里的13年中，他教授给学生他所研究过的科学和工程领域用数学解决问题的方法。在数学会议上，他指导其他高校的学生如何在数学和科学领域进行职业发展。1992年，他为美国数学学会制作了一个录像，名为《热传导扩大表面的最优化》。在录像中，他解释了如何用数学知识为核能驱动的引擎设计散热片。他继续进行任意系数多项式求根的数学研究，并发表了6篇论文，其中包括发表在1991年《美国数学学会学报》上的《任意三角多项式实根的期望数量》和1997年在同一期刊上发表的《任意一组勒让德多项式实根的期望值数量》。2003年，79岁高龄的威尔金斯再次退休，搬回到芝加哥的老家。2011年，威尔金斯去世，走完了他作为数学家荣耀的一生。

结语

在威尔金斯非凡的生涯中，他在科学、工程和数学3个不同领域获得了荣誉和奖励。1956年，32岁的他由于伽马射线和放射防护的重要研究而被选为美国科学进步协会会员。1964年，由于在核工程领域的杰出工作，他被选为美国核学会成员。1976年，由于他在设计和发展核反应堆发电站上的贡献，国家工程院接受他成为该院第二位非洲裔成员。1980年，美国陆军授予他杰出公共服务勋章。1994年，美国数学会授予他终身成就奖，并设立了年度讲座系列以向他表示祝贺。这个年度讲座系列都挑选不同的数学家来发表关于他们研究的演讲，成为美国数学学会最重要的年度本科生数学会议。

在他60年的数学家、科学家和工程师生涯中，他为大学、政府和私人公司工作过，完成了上百个报告和研究，并发表在科学、工程和数学的刊物上。伽马射线的发现和放射保护罩的发明,对航空航天、核医学以及核能工业产生了巨大影响。即使在今天,数学家们仍然继续沿用并继续发展他在高等微积分、高等几何和函数领域里提出的思想。

三 约翰·纳什

(1928—2015)

获得诺贝尔奖的博弈理论家

传奇科学家约翰·纳什（John Nash）因为博弈论获得诺贝尔经济学奖。他在合作和非合作博弈中引入纳什均衡的概念，深刻地影响了博弈理论，并在经济学、生物学和政治科学中被广泛应用。他在流形嵌入和流体流动上的创造性研究，使他获得了有创造力的、有光明前景的年轻数学家的声誉。他和精神疾病进行了30年的斗争，20世纪90年代才重返研究岗位。

约翰·纳什对合作和非合作博弈提出了纳什均衡概念，获得了诺贝尔经济学奖（Reuters/CORBIS）。

早年教育

1928年6月13日，约翰·福布斯·纳什（John Forbes Nash, Jr）

出生在西弗吉尼亚州的布卢菲尔德（Bluefield）。他的父亲约翰·福布斯·纳什是阿巴拉契亚能源公司的电力工程师，母亲马格利特·弗吉尼亚·马丁是英语和拉丁语教师。纳什的父母都受过高等教育，父亲从得克萨斯州的农业和机械学院（现在的得克萨斯A&M学院）获得了学士学位，母亲在马撒（Martha）华盛顿学院和西弗吉尼亚大学学习语言。纳什和他的妹妹玛莎都在当地的公立学校上学，并且从父母那里得到额外的辅导。

当纳什还是一个男孩的时候，就发展出超越一般课堂内容的兴趣。他很害羞，也不善于与人交际。他更愿意一个人读书，或者在实验室做电学、化学和爆炸实验，而不是参加体育活动或社交。在学校里，他发现了解决数学问题的非常规方法，比老师在课堂上讲的方法还好。在阅读了埃瑞克·滕博尔·贝尔（Eric Temple Bell）的《数学人》一书后，他对数学研究产生了兴趣，并且证明了数论中的一些经典结论。在高中高年级的学习中，他在布卢菲尔德学院上额外的数学课。17岁的时候，纳什和他的父亲一起写了《用悬链公式计算电缆与电线的垂度与压力》的论文，发表在1945年《电学工程》上。这篇文章描述了电缆和电线适当电压的改进方法，这是他经过几周实验测试和数学分析的结果。

1945年，纳什在全国性的数学竞赛中获得了乔治·维斯丁豪斯（George Westinghouse）奖学金，一共有10位学生获得该奖。他进入宾夕法尼亚州匹兹堡的卡耐基技术研究所学习。最初他被录取进化学工程专业，但是在参加了张量演算和相对论的课程后，他转到了数学专业。

他参加过两次劳威尔·普特南（Lowell Putnam）数学竞赛，这是由美国数学学会资助的全国大学生解题竞赛。但两次都没有进入全国前5名,这让纳什觉得十分沮丧。作为本科生,他独立证明了布劳尔(Brouwer)不动点定理,这是一个代数拓扑学的原则,即在n维表面的任意一个连续的函数必然至少在一点上回到自己。在学习国际经济学的时候,他勾勒了交易策略的最初思想,这成为他1950年发表论文的基础。

1948年,他同时获得数学学士学位和硕士学位,进一步申请研究院的博士生项目。他的教授理查德·J.杜芬(Richard J.Duffin)在推荐信中只写了一句话:纳什是一个天才。在哈佛大学、普林斯顿大学、芝加哥大学和密歇根大学的奖学金中,纳什选择接受了享誉全国的新泽西普林斯顿大学约翰·肯尼迪奖学金。

1948年9月,纳什进入普林斯顿,他同时在几个纯数学领域广泛涉猎,包括拓扑学、代数几何、博弈论和数学逻辑。他很少参加课程,也不看参考书,而更喜欢不受基本规则的限制去重新发现一些数学属性。这个习惯使得他发展出思考问题的原创方法和看待问题的独到视角。在宿舍里,他经常玩逻辑和战略的游戏,包括围棋、象棋和军棋游戏。他发明了一种和六盘棋相似的拓扑游戏,被其他的研究生称为"纳什游戏"(Nash)。

博弈论的革命

1948—1951年,纳什完成了博士论文和4篇研究论文,引起了博弈论的革命。博弈论是研究合作和竞争的数学分支学科。20世纪20年代,匈牙利数学家约翰·冯·诺依曼(John von Neumann)分析了两个人的零和游戏。在零和游戏中,两个竞争参与者的选择产

生的结果是，一方所得即为另一方等量所失。在冯·诺依曼后来的
论文中，以及在与普林斯顿大学经济学家奥斯卡·摩根斯坦（Oskar
Morgenstern）合著的《博弈论和经济行为》中，冯·纽曼把形式的数
学理论应用到经济学领域。纳什分析了两个竞争者以上的情况，讨
论了参与者可能合作或者竞争的一般性战略，从而扩展了博弈论。
他引入了使得博弈论全面发展的基础概念、工具和方法，使得博弈
论被广泛运用到进化生物学、经济理论和政治战略中。

　　纳什第一项有关博弈论的研究是1950年发表在《美国数学学
会学报》上的两页的论文，题目为《N人博弈论的平衡点》。1949年
11月，在普林斯顿学习了14个月之后，纳什向数学学院提交了这
篇论文，简要地引入了一个由n个人参与的有限的、非合作性的博
弈的概念。在这个博弈中，参与者多于两个，每个参与者在不知道
其他人战略方案的情况下，在有限的战略方案中做选择，以获得自
身优势的结果。纳什使用的布劳尔不动点定理，简要地证明了在这
样的博弈中，存在着至少一个战略均衡，或者一个战略集合。按照
这个战略集合行事的每一个参与者，若改变战略，都不可能增加自
己的收益。这个战略均衡的思想，现在被称为"纳什均衡"（Nash
equilibrium），成为博弈论最常用的解决问题的概念。纳什均衡产生
的结果和冯·诺伊曼的二人博弈、零和博弈相同，而且表明了在更一
般性的博弈中，冯·诺伊曼分析中的稳定组合必然特征不一定总是
存在。

　　这篇关于博弈论的论文形成了纳什博士论文的中心内容。在
他的研究指导员阿尔伯特·W.图克尔（Albert W.Tucker）的指导下，
纳什完成了博士论文《非合作博弈》。1950年他参加了该论文的答
辩，更加完整地阐述了n个参与者的非合作博弈的一般性理论，并更

加详细地证明了每个博弈都应该至少有一个纳什均衡点,这篇27页的论文并没有立即发表。纳什和研究生同学罗伊德·夏普利（Lloyd Shapley）用纳什的观点分析了一个三人扑克游戏的具体例子,图克尔建议纳什不要在论文中采用这个例子,于是纳什和夏普利在《数学研究期刊》上发表了两人合作的论文《一个简单的三人扑克游戏》。

在博士论文中,纳什对理性博弈和群体博弈的均衡点有两种解释。他把理性博弈定义为一次性博弈,即参与者拥有对整个弈局结构的知识。在群体博弈中,参与者重复参与博弈,不一定理性行为,也不一定知道整个弈局的结构,通过可获得的战略的相对优势收集信息。群体博弈的概念没有在他发表的任何论文中出现,而是在20世纪70年代被研究进化战略的数学家独立发现。自然选择过程通过推动有机体适应性的最优化而达到均衡。在经济学中,群体行为的理论提供了"适者生存"的数学基础,也就是在市场条件下,只有利润最大化的公司才能够生存的论断。

20世纪50年代末,纳什的论文《交易问题》发表在《经济计量学》上,这是一本数学经济的期刊。在这篇论文中,他引入了解决在有惩罚的条件下二人合作博弈的概念,被称为"纳什交易解"。两个达成追求共同优势的参与者,事先约定违背约定的行为将受到惩罚,纳什的交易解对两个参与者都是满意的。纳什在本科学习时在卡耐基技术研究院上经济学课的时候就形成了这篇论文的基本观点。1949年春季学期,他在普林斯顿发展了对这个问题更复杂的解决方法。他定义了每一个解都必须满足的4个定理,或者4个基本原则,然后证明了存在使博弈结果总和最大化的唯一解。期刊编辑试图说服他不要使用两个孩子玩球棒、玩球、玩玩具和玩刀的例子,而采用更加复杂一点的例子,但是却没能说服他。

这篇论文还介绍了纳什交易博弈的概念。这是一个简单的二人博弈,每个参与者都需要现有资源的一定比例。如果参与者需求的总和不超过资源的总价值,两人都能够各得所需;否则两人就什么都得不到。纳什证明,任何一对增加资源总值的参与者都构成了无限多均衡点的一个。他还解释了两个参与者可获得的可替代性资源,以及从博弈中得不到收益而产生的后果,使得理性的参与者寻求除了资源五五分成之外的替代方案。这篇论文成为经济学理论的经典,并且影响了国际谈判战略。

1951年,《数学年鉴》发表了纳什的论文《非合作博弈》。论文中的一节详细地探讨了纳什均衡的补充观点,用角谷静夫的定点理论重新证明了均衡的存在。这篇论文的主要贡献是提出了"纳什计划",提议把合作博弈引入到非合作博弈的更大框架中。他论证道:合作博弈和重复协商、多次交易的过程构成了更大的非合作博弈。这种重合把两种不同博弈的数学分析统一了起来。

纳什关于博弈论的第五篇也是最后一篇奠基性论文,是1953年发表在《经济计量学》上的文章《两个人的合作博弈》。他原本打算在他的博士论文的一章中讨论这个观点,但是他的论文指导者图克尔建议他把这个议题从初稿中删去。在这篇论文中,他更加完整地讨论了在《交易》一文中提出的有限制惩罚条件的纳什交易解,并且对有一系列惩罚的博弈给出了纳什交易解。纳什证明,对理性参与者来说,有一系列惩罚的博弈,即当竞争对手违背了约定的策略时,另一方可以从一系列惩罚方案中选择的博弈,可以归结为一个有固定惩罚的博弈,因为每一个参与者都采取惩罚最大化的策略。和传统的经济学理论不同,经济剩余的理性分配将产生唯一的结果,而与

参与者2

		A	B
参与者1	a	1, 2	−1, −4
	b	−4, −1	2, 1

1951年，纳什在论文中举了这个有两个均衡点的二人非合作博弈的例子。收益矩阵说明如果参与者1采用策略a，参与者2使用策略A，参与者1会得到1个单位的收益，而参与者2会得到两个单位的收益。纳什解释说，虽然（a, A）和（b, B）是均衡点，但是实际情况是，双方都会因为躲避−4的损失而导致产生（a, A）的趋势。

参与者的谈判技巧无关。

　　纳什的博士论文和发表的这4篇有关博弈论的文章，剧烈地影响了数学、经济学、政治学和生物学的发展。他的思想鼓励博弈论理论家分别发展合作博弈和非合作博弈的理论，同时又把它们统一在非合作博弈的框架下。经济学家把纳什的理论作为精确的数学方法，来分析各种竞争情形下的人类行为。政府和军队高层用他的观点来分析外交谈判和国际军事冲突。与广义的数学理论被接受和使用的过程不同，纳什均衡的概念是从社会科学慢慢渗透到自然科学领域。直至纳什博弈论发表20年后，生物学家才开始把它的理论用于理解动物和植物进化和互动的逻辑。

流形和流体流动的研究

在国际数学界里,纳什被公认是具有原创性思想的天才数学家。虽然博弈论使他得到了一些认可,但是使他成名的主要是20世纪50年代流行嵌入和流体流动分析。1950年,他从普林斯顿获得博士学位,留校任教一年。1951年,他获得了麻省理工学院数学系C.L.E莫尔教员的两年职位。1953年,纳什成为副教授。虽然非正统的教学和考试方式使学生们都不喜欢他,纳什却因为涉足广泛的研究获得了同事们的尊重。他研究的领域包括实代数变化、黎曼几何、抛物方程、椭圆方程以及部分微分方程。

1949年,在普林斯顿做研究生的时候,纳什就在代数几何上获得了突破。代数几何是研究多项式方程根的数学分支,他把这个定理作为博士论文的替补方案,如果博弈论的方案在系里通不过,就研究这个问题。在这个替补研究中,他试图证明,任何一个集合表面的广义范畴,都和代数变化紧密联系,或者说,是一个多项式方程定义的在更高维空间中的表面,这就叫作流形。在1950年9月哈佛国际数学大会上,他做了题为《流形的代数逼近》的报告。纳什又花了一年时间完善报告。1952年11月,他的最终研究成果《实代数流形》发表在《数学年鉴》上,这是纳什对代数几何的重要贡献。他的结论让那些认为流形比代数变化复杂得多的数学家大为吃惊。他的结论使数学家能够把流形和相关的函数研究转化为分析多项式根的问题。

在此后的两年里,纳什继续发展他的结论,完成了两篇等容积嵌入的论文,从流形到保留相应一对点距离的更高维空间图。1953年春天,在普林斯顿的研讨会上,他做了关于黎曼流形嵌入到三维欧几里得几何空间的发言。1954年11月,《数学年鉴》上发表的论文《C^1等容积嵌入》描述了这种方法。这种嵌入法保留了点距离的测量,但是引入了不规则点,即新表面具有偏斜属性的异常点。在论文发表之前,纳什解决了论文中的难点,提交了更为详细的名为《黎曼流形嵌入问题》,发表在1956年1月的《数学年鉴》上。他的解题技巧由两部分组成,包括求多项式根的迭代步骤,接着是去掉异常点的光滑方法。

纳什的嵌入定理给解题过程中求解一组偏微分方程提供了方法,被俄罗斯几何学家米凯尔·格罗莫夫(Mikhail Gromov)称为"闪电式的袭击"。普林斯顿的数学家约翰·H.康威(John H. Conway)把纳什的嵌入技术归为20世纪最重要的数学分析。1966年,德国数学家于尔根·莫舍尔(Juergen Moser)调整了纳什的理论,把它应用于天体力学中,这个方法被命名为"纳什-莫舍尔定理"。

除了在流形领域的研究,纳什还研究水动力,即流动液体的属性。1954年,《美国数学学会报告》发表了他的论文《流体流动持续性和唯一性的一系列结论》。他用偏微分方程,即包含有几个变量微商函数的方程,来分析液体动力的不规则运动。1956—1957年,他获得了斯罗恩(Sloan)奖学金,这让他可以在普林斯顿的高级研究院(普林斯顿高级研究所)从事研究,并访问纽约大学的库朗特(Courant)数学科学研究院。这一年中,他完成了《抛物线方程》一文,并发表在1957年《国家科学院学报》上。更加详细的论文《抛物线和椭圆形方程的连续解》发表在1958年的《美国数学期刊》上。在这些论文中,他论证了抛物线和椭圆方程的存在性、唯一性和连续性定理。纳什还引入了另一种创造性的方法,把非线性的微分等式转化为简单的线性方程,从而求解非线性方程。虽然他的突破性进展获得了很多的关注,包括库朗特研究院的邀请,但他因为听说意大利数学家埃诺·德乔吉在椭圆函数上通过不同的方法和他得出了相同的结论而感到很失望。

1950—1954年,纳什作为咨询师供职于兰德公司。这是一个美国空军在加利福尼亚圣莫尼卡(Santa Monica)建立的研发机构。在这里,他分析了博弈论在军事和外交策略上的应用,并撰写了报告和备忘录。1950年8月,他提交了题为《理性非线性效用》的报告和《二人合作博弈》的备忘录,后者成为他1953年《论有惩罚博弈》的论文。1952年,他在备忘录《一些弈局和博弈的方法》中讨论了博弈运算法则的计算机化。1952年,他和兰德公司的同事罗伯特·M.特拉尔(Robert M. Thrall)合写了备忘录《一些战争博弈》,分析了博弈论的潜在军事用途。1954年,他与密歇根大学的两位兰德公司同事格哈德·卡利施(Gerhard Kalisch)和埃娃·德尼林(Evar D. Nering)以及普林斯顿大学的同事约翰·W.米尔纳(John W. Milnor)合著了1954年的报告《一些实验性的n人博弈》,发表在《决策过程》一书中。这份合著报告涉及的雇佣主题的交易实验结果,成为实验经济领域的开山之作。1954年,在他的兰德备忘录中包括《机械记忆的高维核心数组》《求解微分博弈的持续反复方法》以及专门研究博弈计算机应用的《平行控制》。1954年,纳什没有通过忠诚调查,他被指控为有违法行为,警方逮捕了他,随后他被兰德公司解雇。

与妄想型精神分裂症斗争

20世纪50—80年代,纳什和妄想性精神分裂症作了长达30年的斗争，他的生活和事业都因为疾病受到了极大的破坏。在这期间，他间歇性地会产生一些数学的灵感。1957年2月，他和他以前的学生埃里西亚·伊舍·拉尔德（Alicia Esther Larde）结婚。次年，麻省理工学院授予他终身教职。不久他就表现出精神病的症状。他产生了幻听，并且宣称国外通过《纽约时报》中的文章给他发送密码电文。1959年4月，妻子把纳什送到波士顿郊外的私人精神病机构——麦尔里恩医院，医生诊断他为妄想型精神分裂症。两个月后，他出了院，辞去了麻省理工学院的职位，离开了妻子和刚刚出生的儿子约翰·查尔斯·马丁·纳什，去了欧洲，试图了结自己的美国公民身份。回到美国和家庭团聚后，纳什一家搬到普林斯顿，随后纳什在新泽西州立特伦顿（Trenton）医院里接受了几个月的胰岛素休克治疗。

在纳什离职期间，他的同事从美国国家科学基金会获得了资助，提供给他1961—1962年在普林斯顿高级研究所任教的职位。他回到了对水动力的研究，把以前的研究扩展到用偏微分方程分析流体流动。1962年，他的论文《一般流体的微分方程康齐（Canchy）问题》发表在《法国数学学会报告》上。他证明了19世纪的法国数学家奥古斯丁-路易斯·康齐的问题存在唯一的解。这一研究成果为其他数学家求解纳维尔-斯托克斯（Navier-Stokes）偏微分方程提供了可能性。

20世纪60年代中期，纳什继续在疗养院养病。这一时期他有两次数学创作上的高峰。1963年，他的妻子提出离婚。纳什在新泽西州贝尔米德（Belle Meade）的克里尔（Career）诊所接受了5个月的氯苯嗪安定药物治疗。1964年，他在普林斯顿高级研究所找到了求解表面异常点的方法。日本数学家广中平佑（Heisuke Hironaka）

在1983年的著作《代数与集合Ⅱ》中，把这个方法称为"纳什爆炸性的转换"。1965年，纳什在克里尔诊所待了8个月，然后在马萨诸塞州沃尔瑟姆的布兰代斯大学做研究。1966年，《数学年鉴》刊登了他的论文《有分析数据的隐函数方程求解分析》，论文中他扩展了先前对等容积嵌入定理的研究。同年，他完成了另一篇论文《异常点的弧结构》，这篇论文直到1995年才得以发表在《杜克数学期刊》为他一生的著作所出的专刊上。

20世纪70—80年代，纳什被人们称为"数学殿堂里的魔影"。他时常在夜间徘徊在普林斯顿校园数学大楼里，把密码电文涂写在黑板上。他住在前妻的房子里，继续在普林斯顿图书馆和计算机中心进行独立研究项目。虽然20世纪70年代他没有写出什么论文，但是他写出了一些进行大量运算的程序。20世纪90年代早期，他的精神病症有所好转，在有限制的条件下纳什重返教学岗位。

获得诺贝尔奖

很多学术组织都对纳什的工作给予承认。1978年，控制研究和管理科学研究所授予他约翰·冯·诺伊曼理论奖，奖励他在非合作博弈上提出的纳什均衡。1990年，经济学会选举他为会员。1995年，美国艺术和科学院选举他为会员。1996年，国家科学院选举他为会员。1999年，美国数学学会因为他的论文《黎曼流形的嵌入问题》授予他Leroy P.Steele开创性研究贡献奖。1994年，由于他在博弈理论的开创性研究，他和匈牙利经济学家约翰· C.哈桑伊（John C.Harsanyi）、德国数学家海因哈德·塞尔腾（Heinhard Selten）一起被提名诺贝尔经济学奖。

纳什重新开始了数学研究的工作。1996年8月,在西班牙马德里举行的第十次精神病大会上,他在全体会议上讲述了自己患精神病的经历。次年,他出版论文集《博弈论论文集》,书中收录了7篇有关博弈论的论文。2001年,他和前妻复婚,他伟大的前妻在他生病期间始终没有放弃他,帮助他渡过难关,电影《美丽心灵》就以自传方式塑造了他妻子的形象。纳什在普林斯顿任高级数学研究员,继续他在数学逻辑、博弈论、天文学和引力学的研究。2003年,他在宾夕法尼亚州立大学教授理想货币、空间-时间、重力波以及非合作博弈的课程。

2015年,纳什因车祸离世,"普林斯顿的幽灵"走完了传奇的一生。

结语

在1948—1958年的10年中,约翰·纳什对博弈论、代数几何和液体动力学作出了奠基性的贡献。他提出的纳什均衡、纳什交易解和纳什计划,对合作和非合作博弈的研究产生了革命性的影响。流形中的等容积嵌入纳什-莫舍尔定理,解决了代数几何的一个重要问题。他在液体动力的研究中引入了偏微分理论的新方法。他患精神病30年,当他痊愈时,被授予诺贝尔经济学奖。

约翰·何顿·康威

(1937—2020)

"生命游戏"的创造者

约翰·H.康威在游戏数学分析、数论和有限群分类中引入了新的思想（特此感谢罗伯特·马休斯）。

约翰·何顿·康威（John Horton Conway）发明的"生命游戏"把细胞自动化的概念介绍给了广大的读者，也把这个概念引进了游戏的数学分析。他提出的虚数概念改变了数学家对数字和游戏的理解。康威群和他的有限群地图，回答了长期未解的群论问题。他数量丰富的著作和论文对球面填充、点阵、编码、纽结和其他很多数学领域都作出了贡献。

几何难题和有限群

约翰·何顿·康威于1936年12月26日在英国利物浦出生。他的父亲塞里尔·H.康威是利物浦男校研究机构的实验室助手，在约翰和两个姐姐早年的时候，父亲就引导他们接触科学和数学的思想。约翰4岁的时候已经可以做诸如整数幂之类的心算了，比如2^1=2、2^2=4、2^3=8、2^4=16等。他在小学里学习成绩很优秀，大部分学科都是第一名。11岁的时候，康威宣称自己的目标是做剑桥大学的数学教授。在中学里，他的数学成绩是最优秀的，并且对天文、蜘蛛和化石产生了兴趣。

完成高中学业以后，康威获得了剑桥大学贡威尔和凯伍思学院（Gonville and Caius）的奖学金，1959年，他在该学院获得数学学士学位。在数论理论家哈罗德·达文波特（Harold Davenport）的指导下，康威在剑桥继续研究生阶段的研究。他的博士生毕业论文通过证明每个正整数都可以写为37个五次幂的整数之和，解答了经典数论的问题。在研究生院中，他对数学逻辑和超限数的属性发生了兴趣，超限数是确定无限的不同程度的数。1960年，他获得了学院的理论数学布朗奖。两年后他获得了博士学位，在剑桥的理论数学系任讲师。

在剑桥大学的学习过程中以及在早年的职业生涯中，康威对几何难题和几何关系都有浓厚的兴趣。1961年，他和他的同学米歇尔·盖用数学方法分析了索马立方体，这是丹麦发明家帕尔特·海恩（Piet Hein）的三维难题。他们确定了把7个不规则形状拼成3×3×3的立方体的240种方法。不久以后，康威发明了一种被称为"康威难题"的更大的变体，用18块形状拼成5×5×5的立方体。在1964年发表于《剑桥哲学学会报告》的论文《佩尔金小姐的棉被》中，他阐述了用最小数量的不同大小的方块覆盖$n \times n$的方形面积且没有重叠部分的研究。他在一生中写了很多关于贴瓷砖、镶嵌、覆盖的文章。他和盖也研究了被称为多面体的四维几何图形。1965年在丹麦哥本哈根举行的凹面讨论会上,他宣读了自己的论文《四维阿基米德多面体》。在论文中,他列举了64种凹面的、非多棱镜的、相同的多面体,包括他们发现的一种新的形状——反棱柱形。

康威在纽结理论上也提出了创造性的想法。还是在高中的时候,他就研究了缠绕,这是纽结最基本的二维组成元素。1967年,在他的论文《纽结和链环,以及它们的一些代数属性的列举》中,他提出了通过缠绕识别纽结的简易办法,被称为康威纽结符号。该论文发表在《抽象代数的运算问题》上。在这篇论文中,他还介绍了"康威纽结",即有11个交叉,不能再进一步被分解的最简单纽结以及康威多项式,即具有和纽结的几何属性相应的数学属性的多项式。

20世纪60年代末期,康威对大型几何结构的分析引出了群论中的3个新对象,解决了群论中的经典问题。群论是分析数学结构的代数分支。1965年,英国数学家约翰·里奇(John Leech)找到了把超球面体包裹进24维度的方法,以使每个对象都和196 560个其他对象接触。康威只用了12个小时就完全分析了里奇点阵的属性。1968年,他在《美国科学院年鉴》上发表的论文《8 315 553 613 086 720 000序列的完全群和零星的简单群》中提出了他的发现,在他1969年的论文《8 315 554 613 086 720 000序列的完全群》中完整地描述了这个群,该文发表在《伦敦数学学会报告上》。在他的研究中,康威详细地分析了在自身的结构中包括几乎所有当时所知的有限的、零星的简单群在内的整块群。他指出,这个结构中还包含了3种先前未知的群:Co_1,包含了4 157 776 806 543 360 000个元素;Co_2,包含了42 305 421 312 000个元素;Co_3,包含了495 766 656 000个元素。这些群被命名为"康威群"。

在此后的15年中,康威和他剑桥大学的4个博士生同学罗伯特·T.库尔提斯(Robert T.Curtis)、西蒙·P.诺顿(Simon P. Norton)、理查德·A.帕克(Richard A. Parker)和罗伯特·A.维尔逊(Robert A. Wilson)一起,列举了所有的有限群,解决了代数学家一个多世纪以来一直试图解决的问题。1985年,他们的著作《有限群地图:简单群最大值的亚群和一般特征》,对所有的有限群——有有限多个满足4个代数属性要素的数组——进行了综合归类和详细描述了它们的结构。其间,康威还发表了讨论具体群的若干论文,包括1979年和诺顿合作的《巨型月光》,发表在《伦敦数学学会报告》上。在这篇论文中,他们分析了有多于8×10^{53}个元素的巨型群,并且用椭圆形方程提出了和巨型群有关的月光形猜想。英国数学家理查德·波尔切德(Richard Borcherds)求解了这个猜想,因此获得了1998年菲尔德奖章。

"生命游戏"

数学游戏和发明新游戏是康威的兴趣爱好,也是他的研究课题。20世纪60年代,他和剑桥大学的同学米歇尔·S.帕特森发明了游戏"芽",这是两个人用纸笔玩的游戏。两人先在纸上画两个点,然后依次用线连接任意两个点,且不和已画的线相交,然后在新画的线上再增添新的点。当游戏一方无法在不交叉的情况下连接两个点,或者所连接的点已经和另外3个点连过线的时候,游戏就结束了。不久,康威改进了这个游戏,用小十字代替了点,这样就有4个臂用来连线。

康威发明和分析的另外两个游戏,是"福特球"和"希尔规则"。福特球(Philosopher's Football的缩写,意为哲学家的足球)是一个两人游戏，在如同围棋棋盘那样的小方格上下用白色和黑色标记。首先把代表球的黑色标记放在棋盘中心，玩游戏的人依次把白色的标记放在棋盘上，或者移动球跳过一个或者多个白色标记，以把球移到对手棋盘的界限内为胜。

20世纪70年代，康威发明了数字希尔游戏。游戏中，两个玩家一次说出一个整数代表硬币的面值，这个值不能通过前面的硬币值用任何运算方式得出。在英国出生的加拿大数学家理查德·盖的文章《康威希尔规则的二十个问题》，发表在1976年《美国数学月刊》上，从数学角度讨论了这个游戏。

1970年，康威发明了著名的"生命游戏"。在这个游戏中，方格上的每一个细胞都有两种值：生或者死。在接下来的步骤或者代际的变化中，每一个活细胞或者生存，或者死去；每一个死细胞或者一直死亡，或者重新获得生命，取决于相邻的8个细胞。少于2个邻居的活细胞会因为孤立而在下一代死去，一个多于3个邻居的活细胞

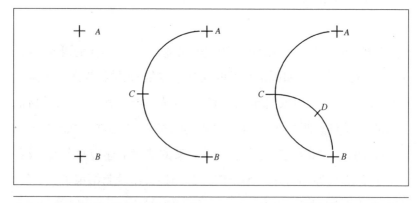

康威发明的一种用纸笔玩的游戏是"芽"。从十字A和B开始，第一个玩家的可能行为是连接这两个叉的这两臂，然后增加另一个十字C。第二个玩家可能会选择连接C和B的这两臂，然后增加十字D。当其中一个玩家不能够用不交叉的曲线连接两个十字的臂的时候，游戏就结束了。

会因为过于拥挤而死去，一个恰好有3个邻居的死细胞在下一代会活过来。这套简单的规则被称为"23/3"。通过这套规则，康威发现了细胞生长、重生和与它们的环境互动的构造。他发现很多细胞构造的重复模式，或者随着时间流逝聚合为一种固定的模式。

他称一行或一列的3个细胞为"闪光警戒灯"，从一代到下一代发生水平和垂直的变化。L型的3个细胞组合会成为固定的2×2细胞块。T型的4个细胞组合在9代以后会形成稳定的一系列"闪光警戒灯"。5个细胞构成的"滑翔机"模式每隔4代沿对角线移动一步。

1970年10月至1975年12月，数学作家马丁·戈登纳（Martin

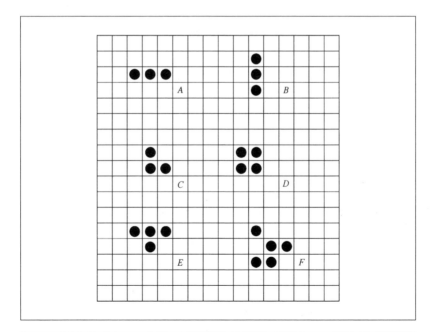

康威的生命游戏中，一行3个细胞（A）或者一列3个细胞（B）构成了从一代到下一代发生垂直或水平变化的"警戒闪光灯"。L型的3个细胞组合（C）会成为固定的2×2细胞块（D）。T型的4个细胞（E）通过9个代际的变化，会形成一组"闪光警戒灯"。5个细胞形成的"滑翔机"（F）每隔四代沿对角线移动一步。

Gardner）在《科学美国人》杂志专栏《数学游戏》中，分10部分连载了康威的"生命游戏"。游戏很快传播开来，向大众介绍了细胞自动控制的概念，以及棋盘上细胞形态根据细胞和周围邻居的状态发生代际变化。无论是业余的还是专业的数学家，都可以在电脑上分析各式各样的细胞最初形态。康威请专栏读者创造出永恒的细胞形态。麻省理工学院人造智能实验室的威廉·高斯佩（William Gosper）发现了滑翔枪，可以复制和产生无限的滑翔枪。科学研究者用科学游戏和其他形式的细胞自动控制，来调试DNA在有机体代际间传递信息所扮演的角色，以及研究进化和自然选择的过程。

康威对游戏数学分析的兴趣使他发展出了被称为"虚数"的一系列数。20世纪70年代早期，他在分析围棋游戏中观察到，每一局比赛的最后一部分都由一些有共同数学特征的小游戏构成。他持续地观察，把数字的概念扩展到二人游戏也是一个数。他的虚数自然地完备了数字系统，使它包括整数、有理数、实数、合成数和无限数。美国计算机学家唐纳德·克努特在1974年创作了科幻小说《虚数：两个学生在纯数学中发现完全的快乐》，在这部小说中，康威被描绘成上帝的角色。

康威写了3本关于游戏、游戏分析和它们与数字关系的书。1975年，在他的著作《所有聪明和美丽的游戏》中，介绍了对大量游戏的分析，包括一些他发明的游戏。1976年他的著作《论数字和游戏》解释了虚数和数学游戏分析的关系。1982年，他和数学家理查德·盖和艾尔文·伯里坎布（Elwyn Berlekamp）合著了两卷的著作《赢得数学游戏的方法》，用复杂的数学方法分析了上百个游戏策略。在著作的第25章中，他们证明了生命游戏是一部图灵机，能够回答所有数学可以回答的问题。

康威对几何谜、纽结理论、有限群和游戏理论的研究在数学界获得了肯定。1964年，他加入剑桥大学悉尼苏塞克斯（Sussex）学院，1970年加入贡威尔和凯伍思学院。1971年，伦敦数学学会因为他对无限群的研究授予他波尔维克（Berwick）奖。1975年，因为他对娱乐数学的贡献，戈登纳把《数学狂欢》一书赠送给康威。同年，剑桥大学把康威从讲师升职为理论数学和数学统计的副教授，1983年升为教授。1981年，他获得英国最高荣誉——成为伦敦皇家学会会员。

数字分析

除了几何谜、游戏、群和纽结，康威在数字和数字序列上还有很多发现。1972年，在《大数和小数》一书中，他发表了早年对于数字性质的观察。1973年，发表在期刊《尤里卡》（Eureka，"找到了"之意）的《黑暗后的黎明》中，他解释了如何用"世界末日"运算法则在两秒之内心算出过去或者未来任意一个日期的星期数。用相似的方法，他能够在同样短的时间里确定月相。

康威提出了仅仅通过乘数运算产生整个质数序列的运算法则。1980年，在期刊《数学情报员》中，他把他的解法称为"2.4问题"（Problem 2.4），并鼓励读者分析他的方法。他的质数生产机由14个标记为A到N的分数组成。从2开始，把现有的数和第一个分数相乘，得到一个整数。不断进行这个过程，直到得到2的幂次方。这个表达中的幂数就是下一个质数，乘法运算继续进行。这个简单和低效的运算法则需要280步才能产生前3个质数2、3和5。

1986年，在发表于《尤里卡》（Eureka）上的论文《视觉衰退的奇妙化学》里，康威引入了看和说的序列，并且全面地分析了它的属性。从阿拉伯数字1开始，任何一个序列的后序项都由朗读前一项数字得到。根据这个规则，第二项读作"一个1"（one 1），即11；第三项读作"两个1"（two 1s），即21；第四项读作"一个2一个1"（one 2 one 1），即1211；依此类推有111221，312211，13112221。在论文中，康威证明了数列第n个数可以被λ^n整除，λ就是康威常数，大约等于1.303 577，是一个71次幂的多项式的唯一正解。

1988年，他在AT&T贝尔实验室做的讲座"一些疯狂的序列"（Some Crazy Sequences）中，康威引入了递归定义序列。这个序列的前两项为A（1）=1, A（2）=1，第n项由表达式A（n）=A［A（n−1）］+A［n−A（n−1）］定义。回归数列的前几项是1, 1, 2, 2, 3, 4, 4, 4, 5, 6, 7, 8, ……。他证明了对于A（2^k）=2^{k-1}，任何一个整数k, A（2n）≤2.A（n），当n很大时，这个序列的各项都非常接近于$\frac{n}{2}$。他悬赏1 000美元求解只要n > N，就有$\left(\frac{A_n}{n}-\frac{1}{2}\right) < \frac{1}{20}$的整数N。1991年，贝尔实验室的研究员柯林·L.马洛斯（Colin L. Mallows）证明了N=1 489，从而获得了奖金。

在过去的10年中，康威写了两本关于数的属性的书。《关于数的书》是他在1996年和理查德·盖合著的书，介绍了关于数字的一系列的观点，包括数的属性，包括整数、分数和虚数；数论的重要结论；一些重要数的属性，比如π≈3.141 59。这本书还指出，10亿和万亿是不连续的，从而引入了n亿万的概念，在美国表示1后面有3N+3个零；在英国表示6N个零。2003年，《论四元数和八元数：他们的几何、代数和对称》一书出版，这是他和他的学生德雷克·斯密施（Derek Smith）合著的，关于可以用四元数和八元数分析的四维和八维几何图形。

$\dfrac{17}{91}$	$\dfrac{78}{85}$	$\dfrac{19}{51}$	$\dfrac{23}{38}$	$\dfrac{29}{33}$	$\dfrac{77}{29}$	$\dfrac{95}{23}$	$\dfrac{77}{19}$	$\dfrac{1}{17}$	$\dfrac{11}{13}$	$\dfrac{13}{11}$	$\dfrac{15}{14}$	$\dfrac{15}{2}$	$\dfrac{55}{1}$
A	B	C	D	E	F	G	H	I	J	K	L	M	N

康威发明了一种简单低效的质数制造机器，由14个分数组成。从2开始，不断地和列表中的分数相乘，产生整数值。当答案是2的幂次方时，这个指数就是下一个质数。前19步产生的是 $2M=15$，$15N=825$，$825E=725$，…，$68I=4=2^2$，2就是第一个质数。50步之后，1就包括 $8=2^3$，得出的结论是3就是第二个质数。

球体、点阵和编码

　　康威的大部分关于数的研究都是在美国完成的。1984年他离开剑桥大学，接受了宾夕法尼亚大学的暂时职位，任哈德马赫（Rademacher）讲师。1985年，他在伊利诺伊的芝加哥大学做春季学期的访问教授，之后获得了新泽西普林斯顿大学约翰·冯·诺伊曼数学教职的永久职位。在普林斯顿，他继续发表相关的一系列论文，包括球形填充、整数点阵和编码理论。

　　1988年，康威与美国数学家奈尔·J. H. 斯罗恩（Neil J.H Sloane）合著《球形填充，点阵和群》，介绍了在组合学（研究运算技巧）的最新研究成果。这本书被其他分析球形填充的几何学家奉为"圣经"（bible）（球形填充的几何学，研究如何最有效率地把同等大小的表面填充到固定容积中）。1988—1997年，康威和斯罗恩合著了7篇论文，讨论点阵，即一系列点在多维空间中被放置成规则的、重复的形式的代数结构，发表在《伦敦皇家学会会刊》上。他们研究了二次方程的形式、理想形状、矩阵的群以及和坐标相关的问题。他们两人现在正在合写一本书,题目暂定为《低维度群和点阵的几何》。

康威也在相关的领域,比如解码理论中取得了研究成果。解码理论是操纵和传输数据块的方法分析。他的这项研究可以追溯到20世纪70年代,那个时候他写了关于二重二进位的论文。1985年,他和斯罗恩获得了"多维码解码技巧"专利。他近期的著作包括1990年的论文《完整词典编纂码》,发表在《离散数学》刊物上。1993年,论文《以整数为模的自二重码》,发表在《组合理论期刊》上。1994年的论文《表面填充、点阵、编码和贪欲》,发表在《国际数学家大会会刊》上。

过去15年所写的3篇论文表明了康威兴趣的广泛。1992年,他的论文《表面群的环状折叠》,发表在会刊《群论、组合论和几何》上。他介绍了一种列举词典编纂码、球面和墙纸群的简便方法。这3种都是满足附加几何属性的代数结构。1996年,他的论文《天使问题》(The Angel Problem)发表在《无机会的游戏》上。文中他请读者计算,一个可以一次从面积有限的棋盘上走一个格的恶魔是否可以逮住一次可以跳1 000步的天使。2004年,康威和他普林斯顿的同事西蒙·柯亨(Simon Kochen)一起证明了自由意志定理,这是一个量子机械的定理,即在一定的条件下,基本粒子可以自由旋转。两位数学家到处宣讲他们颇具争议的结论,但是并没有发表他们的结论。

加入普林斯顿大学任教后,康威继续得到奖项和荣誉。1987年,伦敦数学学会授予他波尔雅(polya)奖,奖励他充满创造力和想象力的讲解式论著。同年,电学与电子工程研究院授予他和斯罗恩年度优秀论文奖,奖励他们1986年的论文《词典编纂编码:游戏理论中的纠错编码》,发表在电学与电子工程研究院的《信息理论学报》上。1991年，康威在美国数学学会联合大会上，作了伊尔黎·雷蒙德·海德里克演讲，这些演讲是他对1997年著作《感觉的(二次的)形态》的阐述。美国艺术和科学院1992年接受他为院士。1998年，他因为对新知识作出的贡献，荣获西北大学颁发的弗雷德里克·埃瑟尔·纳穆耳斯数学奖。2000年，美国数学学会命名他为勒罗伊·P.施蒂勒数学解说奖得主，奖励他对数学很多分支的解释。

2020年4月11日，康威因新冠肺炎去世，终年83岁。

结语

在30年的数学生涯中，康威完成了10部著作，发表了将近150篇研究论文，指导了13名博士生的论文写作。他发明的"生命游戏"使大量读者和玩家接触到细胞自动化控制的研究和数学游戏。通过引入"虚数"的概念，他重新定义了数学家对数字和游戏的理解。他所发现的"康威数组"和完成有限群分类的研究，解决了群论中悬而未决的问题。他也通过提问和著述的方式，对表面填充、点阵、编码、纽结和很多数学领域作出了突出贡献。

五 斯蒂芬·霍金

(1942—2018)

关于黑洞的数学

斯蒂芬·霍金为黑洞理论奠定了数学基础（Michael S. Yamashita/ CORBIS）。

斯蒂芬·霍金发展出的类型学和几何学方法，证明了大爆炸理论和广义相对论的一致性。他从数学上证明了霍金射线从黑洞逃离，导致黑洞塌陷和蒸发。在他担任剑桥大学卢卡斯数学教授期间，他提出了颇受争议的"无界"（no-boundary）和"信息自相矛盾"（information paradox）概念。作为一个科普作家，他编写的关于宇宙学的书，使得前沿科学的思想也能够被更多非专业人士所理解。

早期教育

1942年1月8日，斯蒂芬·威廉·霍金出生在英国一个叫作海埤特（Highgate）郊区的家庭。他的父亲弗朗克·霍金是一位研究热带疾病的医学研究员，母亲伊索贝拉·霍金是一位物理学家的女儿。霍金还有3个兄妹，玛丽、菲利巴和爱德华。父母都毕业于牛津大学，他们为霍金和他的兄妹提供了发展智力的良好环境。

20世纪40年代末，霍金的父亲成为英国国家医学研究院寄生虫研究部学科带头人，霍金一家因此迁离了伦敦，搬到赫特福德郡的圣奥尔本斯居住，这里离父亲上班的地方密尔山不远。

1952—1957年，霍金在圣奥尔本斯上学，3门学科的成绩都是最优秀的。在学校里，他表现出对数学的独特见解和天赋，对课堂所学游刃有余。同时，他对化学也产生了兴趣，还写出了获奖的神学论文。1958年，他与同学和数学老师一起，设计和制造了一种原始的计算机，并为之命名逻辑旋转式计算器（LUCE）。校外，霍金很喜欢做飞机模型，制造电子设备。他还发明了规则复杂、成熟的游戏。

1959年，霍金获得了在牛津大学学习的奖学金。虽然父亲希望他学习医学和生物，但他仍成为自然科学的学生，学习的是物理和数学。第一年他只听了数学课和研究班，然后通过了数学学院的考试。第二年结束，他获得了牛津大学布莱克威尔·布克（Blackwell Book）物理学习优秀奖。他还作为舵手参加了院系间的划船比赛。1962年，他作为优秀毕业生获得自然科学学士学位，成绩优异。

离开牛津大学后，霍金在剑桥大学应用数学和理论物理系进行了4年的研究生学习。在丹尼斯·希亚马（Dennis Sciama）教授的指导下，他开始了对宇宙学和广义相对论的研究。宇宙学作为研究宇宙起源和演化的学科，是物理学中与数学联系很紧密的学科。广义相对论是20世纪初物理学家爱因斯坦提出的，它解释了重力的规律和宇宙的普遍行为。量子力学是物理学的另一个分支，解释原子、分子、光的性质和小微粒放射。霍金进入研究生院的时候,相对论和量子理论是现代物理学两个相互独立的主要分支,它们和艾萨克·牛顿的经典物理学共同构成了物理教学的基础。

1963年1月,霍金出现了说话和行走困难的情况,他接受了两个星期的医学检查,医生诊断他患有运动神经疾病,这种肌肉系统退化的紊乱状态,也被称为肌萎缩性(脊髓)侧索硬化(ALS)症。医生认为,霍金的健康状况会让身体迅速退化,但是大脑不会受到影响。医生估计他活不过两年半。

霍金没有因为健康状况而停止对个人兴趣的不懈求索。1965年7月,他和简·王尔德(Jane Wilde)结婚。简是在伦敦维斯特费尔德学院学习现代语言的本科学生,后来获得了中世纪葡萄牙文学的博士学位。1967—1979年间,简生下3个孩子:罗伯特、露西和提莫缇。虽然患病5年内,霍金的活动就只能被限制在轮椅上,说话的能力也不断退化,但是他还是每天从剑桥校园附近租的房子到大学去学习。

对黑洞的研究

霍金很快成为宇宙学研究圈子的活跃分子。1965年,在伦敦举行的皇家学会会议上,剑桥大学宇宙学教授弗雷德·霍伊勒爵士(Fred Hoyle)和他的研究生雅扬特·纳尔利卡(Jayant Narlikar)作了关于宇宙稳定状态理论的报告,霍金对此提出了质疑。霍金观察到,有一个等式的数学量是离散的,不能加进最后的有限总量中。他在论文《论霍伊勒-纳尔利卡重力理论》中,总结了他的数学发现,发表在《伦敦皇家学会报告》上。这篇文章受到数学界同仁的广泛好评，使他成为被大家看好的年轻研究员。

1966年，霍金获得了物理学博士学位。他的博士论文《宇宙学中异常值的出现》，在次年分三部分发表在《伦敦皇家学会报告》上。他的博士研究是以别克贝克学院应用数学教授罗杰·彭罗斯（Roger Penrose）对黑洞的研究为基础的。美国物理学家约翰·惠勒（John Wheeler）用"黑洞"这个词来描述高密度聚集的质量，其重力场如此巨大，使得重力或能量，包括光，都无法逃逸。彭罗斯用数学理论来解释空间-时间的异常值，这些异常值位于黑洞的中心，是当时间-空间曲率无限大时的点。在霍金的论文中，他把彭罗斯的异常点理论扩大到解释整个宇宙。他未发表的论文《异常点和空间-时间的几何》是对博士论文的继续研究，该论文获得了1966年剑桥大学亚当斯奖。

取得博士学位后，霍金获得了在剑桥大学贡威尔和凯伍思理论物理学院任研究员的职位。1968年，他加入了大学天文研究所，和彭罗斯一起合作，继续研究宇宙的异常点和起源。他们拓展了拓扑学和几何学的方法来计算广义相对论。在共同研究中，他们证明了，如果广义相对论是对宇宙的精确描述，那么在时间开始的时候就必然有一个异常点。霍金-彭罗斯理论用数学方法证明了大爆炸理论，即宇宙开始于一个黑洞的爆炸。在他们1970年的论文《重力塌陷和宇宙学的异常点》中解释了他们的研究，发表在《伦敦皇家学会报告》上，是对黑洞理论的重大贡献。

在研究黑洞理论的过程中，霍金还发表了一些不完整的想法，后来被他自己否定了。其中一项是对平滑水平线的研究。平滑水平线是黑洞的界限，没有电磁能量能够达到这个界限之外。1971年，他的论文《塌陷黑洞的引力辐射》发表在《物理学评论》上,提出了黑洞平滑水平线的表面积永远都不会减少理论。1973年,题为《黑洞机制的四个定律》的论文发表在《数学物理通讯》上。在这篇论文中,他和美国物理学家詹姆士·巴尔蒂恩(James Bardeen)、英国理论物理学家布兰登·卡尔特(Brandon Carter)试图解释为什么黑洞不遵循热动力学(研究热和运动的学科)的规律。两年内,霍金否定了这两个观点,用相反的观点来进一步发展理论。

1973年,霍金离开了天文研究所,成为剑桥大学应用数学和理论物理系的研究工作人员。同年,也就是他参加工作后的第六年,他和南非的宇宙学家乔治·伊利斯(George Ellis)一起完成了著作《大规模空间-时间的结构》。虽然这本书是向相关专家介绍古典宇宙学理论,而且也没有包括黑洞理论的最新发现,但是却售出了1.6万本,成为剑桥大学出版社历史上销售量最高的专著之一。

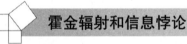

霍金辐射和信息悖论

霍金重新思考了他早期提出的黑洞理论。他用量子理论、广义相对论和热动力学的规则来研究黑洞。结合这3种学科的方法,他成功地证明了一个令人惊讶的结论,即黑洞在释放一种辐射,这种辐射被命名为"霍金辐射"。这一结论意味着,逃逸的重力和能量最终会导致黑洞的萎缩和消失。这一发现和他早期的观点相矛盾,即黑洞光滑水平线的表面积永远不会减少。他在题为《黑洞非黑》的论文中公布了他的研究结论,该论文获得1974年重力研究基金奖。在论文《黑洞扩张?》中,他更加完整地介绍了这一证明,该论义稍

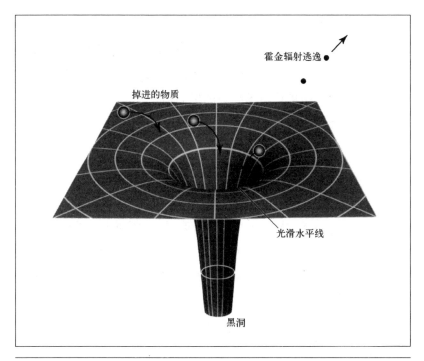

质量在黑洞中高密度地聚集，使得它的重力场非常巨大，以至于任何质量、能量，包括光，都无法逃逸出光滑水平线，从而形成了空间和时间的弯曲。霍金运用量子理论、广义相对论和动力学的理论，用数学方法建立了颇具争议的理论，即黑洞释放霍金辐射。

后发表在《自然》（Nature）上。希亚马称《黑洞扩张？》是历史上最为美妙的物理学论文之一。1973年3月，由于这个发现和早期的大爆炸理论，32岁的霍金被皇家学会授予研究员资格。

　　霍金的发现向物理学家展示了一个明显的矛盾，这个矛盾被称为"信息悖论"。根据霍金的理论，从黑洞逃逸的射线"没有头发"（no hair），意思是该射线不携带任何关于黑洞内物质的信息，所以不能分辨出它是否来自另外一个有着同样重力、电荷和角动量的黑洞。当足够多的辐射从黑洞逃逸后，黑洞就会坍塌，关于黑洞的信息就会消失。这个悖论和物理学的基本原则——宇宙演化过程中信息会被保存下来——是矛盾的。1976年,霍金在论文《重力塌陷可预测性的瓦解》中,进一步探讨了信息悖论,此文发表在《物理评论D》上。他认为,密集重力场导致的黑洞坍塌产生了异常点,量子理论的规律在这些点上是失效的。很多物理学家批评"信息悖论",因为这将意味着科学不再能够完全知晓过去、预测未来。

20世纪70年代中期,霍金对科学的贡献得到了英国国内外的肯定。1974年,他在加利福尼亚科学研究院做谢尔曼·费尔柴尔德(Sherman Fairchild)特别学者。回到英国后,剑桥大学给他提供了校园附近的房子,方便他能够推着轮椅到学校,同时聘任他为重力物理学的讲师。1975年,皇家天文学会授予他艾丁顿(Eddington)奖章,教皇科学院授予他皮乌斯(Pius)七世奖章。次年,霍金获得霍普金斯奖、达妮·海尼曼(Dannie Heinemann)奖、马克斯威尔奖以及皇家学院雨果奖章。1977年,剑桥大学提升他为重力物理学教授,贡威尔和凯伍斯学院授予他教授职位,牛津大学授予他荣誉研究员职位。1978年,他获得阿尔伯特·爱因斯坦奖,这是与诺贝尔奖一样知名的荣誉。

物理学的终结和无界猜想

在霍金的职业生涯中,他不断地提出值得争议的话题,在物理学圈子里引起争论。1980年,剑桥大学任命他为第17届卢卡斯数学教授。牛顿爵士等历史上许多杰出的数学家都曾经担任过这个职位。在就职仪式上,他发表了题为《理论物理学的终结已经临近了吗?》的演说。在这个演说中,他预测在20世纪末期,物理学家会发现包含现代物理学两大支柱——量子理论和广义相对论——的宏大理论,之后便不会再有什么重大的发现了。他进一步预测,当计算机发展到足够复杂的程度,人工智能成为现实的时候,先进的技术会扮演今天物理学家的角色,完成今天物理学家完成的活动。他的预测在同事中引起了激烈的讨论。虽然霍金辐射的发现是对量子理论和相对论的综合,但是科学家至今在大统一理论上仍然鲜有进展。

　　1981年,在教皇科学院于罗马举行的梵蒂冈会议上,霍金提出了他的"无界"(no-boundary)猜想,讨论了它的宗教意味,从而引起了新一轮的争论。他和美国物理学家詹姆士·哈尔特勒(James Hartle)提出,时间和空间在一定程度上是有限的,但是却没有科学规律不可以解释的边界或者异常点。他们的猜想暗示了在宇宙的诸多可能性中,我们现在的宇宙是非常可能的,没有必要去相信造物主的存在。他们的猜想在宗教界和科学界都引起了激烈的争议和严厉批评。

普及科学

　　从20世纪80年代中期起,霍金用了相当多的时间来撰写科普书籍,把数学和科学思想介绍给非专业的读者。1983—1988年,他参加了一项解释现代宇宙学概念的项目,比如大爆炸理论、黑洞和霍金辐射等,以使普通的非专业读者也能够理解。5年工作的成果是《时间简史:从大爆炸到黑洞》一书。此书销售1 000万册,被译为40种语言,连续4年位居《纽约时报》(New York Times)和伦敦《星期天时报》(Sunday Times)的畅销书榜。1991年,《时间简史》

被制作成电影。1992年，他出版了该书的后续本《斯蒂芬·霍金的时间简史：读者伴侣》。1994年他出版了CD-ROM版本《时间简史：互动的探险》。1995年，《时间简史》的平装本登上畅销书榜3天。2005年，他出版了修正后的简易本《时间简史》。

《时间简史》出乎意料地受欢迎，使霍金成为大量报纸和杂志文章的人物。电台和电视不断邀请他作公共演讲和讲座，并建议他出版续集。1993年，他编辑了由14篇宇宙学论文组成的文集——《黑洞和婴儿期的宇宙》，使得受过教育的外行读者也能够看懂现有的理论。2001年，他的著作《果壳中的宇宙》，简单易懂地解释了一些科学思想，并且每页都有彩色插图。这本书获得了英联邦非幻想类小说的最高奖——阿文提斯（Aventis）图书奖。2002年，他出版的书《站在巨人的肩上：物理和宇宙学的伟大著作》，收录了尼克劳斯·科布尼克斯（Nicolaus Copernicus）、约翰内斯·开普勒（Johannes Kepler）、伽里莱·伽利略（Galileo Galilei）、艾萨克·牛顿以及爱因斯坦等有影响力的物理学家们的作品选段、生平概括，以及霍金对于他们所作的物理和宇宙学贡献的解释。2005年，他的著作《上帝创造了整数：改变历史的数学突破》，重新阐释了31个数学思想史上标志性的思想，包括霍金对这些成就影响的评论、17个作出这些重要发现的数学家的生平事迹。

科学家的科学

在为大众制作科普书籍和影像材料，以引起他们对天文和数学的兴趣的同时，霍金继续参与物理学新理论的讨论和发展。1979

年,德国出生的加拿大物理学家维尔纳·伊斯雷尔(Werner Israel)编辑了《广义相对论:百年爱因斯坦》,收录了领军物理学家的16篇文章,以纪念爱因斯坦诞辰100周年。1983年,霍金的论文《膨胀宇宙的波动》发表在期刊《核物理》上。1984年,他的文章《膨胀宇宙模型的界限》发表在《物理学》上,继续和他的同事一起讨论宇宙扩张的原因、程度和影响。

1985年8月,霍金在瑞士日内瓦的欧洲核研究中心(CERN)做研究的时候,感染了肺炎。医生用气管切开手术挽留了他的生命,却使他丧失了说话的能力。美国计算机研究员给他提供了一种电脑发声合成器。这种设备经历过几次升级,通过它霍金能够继续讲课,和家人、同事沟通。

霍金虽然身体残疾,但是却在科学上获得了巨大成功,因此成为残疾人的代言人。1979年,皇家残疾和复原协会提名他为"年度人物"。在20世纪80年代后期,他说服剑桥大学为残疾学生修建了一栋学生宿舍楼。布里斯托大学为有身体障碍的学生修建了一座宿舍,它们被命名为"霍金楼"。1996年,他为《给残疾人的计算机资源》作了序。

霍金继续地和同事交流物理上的最新发展。1988年,他的论文《空间-时间的虫洞》发表在《物理评论》上。1991年,论文《虫洞的阿尔法参数》发表在《物理文稿》上。他还写了很多讨论这个问题的文章,探讨时间在一个宇宙中和在两个宇宙间穿行的数学可能性。他带动他的同事讨论线理论,这个概念是指一个事物的线是构成所有物质的基本单位。他关于弦理论的论文包括1989年的文章《宇宙线构成的黑洞》,发表在《物理学》上,论文《宇宙线上黑洞电子偶的产生》,发表在1995年的《物理评论文稿》上。1994年,霍金和彭罗斯一起在剑桥的艾萨克·牛顿研究所做了题为"空间和时间的性质"的系列讲座,回顾了他们30年前就开始的黑洞理论合作的发展历程。

霍金的研究及成就,为他获得了世界范围的肯定与荣誉。1988年,他和彭罗斯一起获得沃尔夫物理基金奖,奖励他们对黑洞的研究。1982年,伊丽莎白女王二世授予他"不列颠帝国秩序的司令官"头衔,1989年又授予他"荣誉伙伴"称号。1992年,美国国家科学院推荐他为天文学部的会员。1999年,伦敦数学学会授予霍金内勒应用数学奖和讲师职位。2002年1月,国际上的200名物理学家聚集在剑桥大学,庆祝他60岁生日,并讨论他40年的职业生涯中对物理和宇宙学作出的贡献。

霍金写作了将近200本书和论文,辅导了30个博士生的博士论文,同时他一直工作在宇宙学的前沿。2004年7月,在爱尔兰都柏林举行的国际广义相对论和地心引力(GR17)会议上,他宣布他解决了"信息悖论"的问题。他颠覆了先前的观点,证明了在黑洞形成和蒸发的过程中,信息不会丢失。三十多年来,他最终得出了黑洞的光滑水平线包括量子波动,该波动能够逐步使黑洞信息逃逸的结论。他继续寻找着这一论断的数学证明。

2018年3月14日,霍金走完了传奇而艰难的一生,享年76岁。他的逝世也引发了全球各界的悼念。3月31日,霍金的葬礼在剑桥大学的教堂举行,他的骨灰被安葬在另一位伟大传奇科学家牛顿的墓旁。

结语

斯蒂芬·霍金颇具争议的黑洞产生辐射的数学证明,以及导致黑洞最终塌陷的霍金辐射理论,对20世纪的宇宙学的发展进程有着重大影响。他用拓扑学和几何学的工具,证明了大爆炸理论的合理性。在剑桥大学任卢卡斯数学教授期间,他带动他的同事们一起研究无界猜想的数学基础、信息悖论、大统一理论和物理学的其他发展中的概念。霍金最为广大民众熟知的身份是科普作家,他的科普书籍使得大众对宇宙学的前沿科学思想有了更多的兴趣了解。

六 丘成桐

(1949—)

微分几何的表面

丘成桐解决了微分几何的很多开放性问题，并引进了一类数学表面，被命名为卡拉比-丘多面（科里斯·斯尼伯，哈佛新办公室）。

丘成桐在微分几何领域提出了新的思想和方法，并用它们来解决很多开放性的问题。他证明了卡拉比猜想，他所引进的卡拉比-丘多面是数学物理的重要概念。他对正质量的证明为黑洞理论奠定了坚实的数学基础。他和其他同事合作解决了微分几何中的普拉托问题、弗朗克猜想、希区-克巴雅什猜想。他也在最小表面、多重表面的特征值和镜像对称上有所发现。他在几何领域的研究影响了数学和物理的很多领域，包括拓扑学、代数几何、广义相对性、天文学和线性理论。

 莘莘学子

1949年4月4日，丘成桐出生在中国广东的汕头市。当他还是婴儿的时候,一家人就搬到了香港,他的父亲丘振英(音译)在香港中文大学任经济学和哲学教授。母亲靠卖手工艺品来补贴父亲微薄的收入,抚养8个孩子。丘成桐上学的当地学校,科学实验室设备很差,而理科的课程很强调数学,他的父亲很鼓励他学习数学。

1966年,丘成桐进入香港的一所小型本科院校学习数学。因为学院的数学课程很有限,他也在联合学院和香港中文大学旁听课程。1969年,他获得数学学士学位,并获IBM研究助学金进入加州大学伯克利分校的研究生院。1971年,他获得数学博士学位,在中国数学家陈省生的指导下完成了题为《论非正曲率复合多面的基群》的论文。这篇论文分析了和多面有关的代数结构,实几何表面的普遍类型,发表在1971年的《数学年报》上。

 微分几何开放性问题的解决

在丘成桐教授生涯的前16年中,他加入过4所不同的学术机构。1971—1972年,他作为博士后在新泽西的普林斯顿高级研究所(IAS)做研究员。之后他在斯托尼布鲁克(Stony Brook)的纽约州立大学做了两年助理教授,然后在加利福尼亚的斯坦福大学度过了5年,很快从副教授升为教授。1979年他回到普林斯顿高级研究所,做了5年数学教授。1984—1987年,他是圣迭戈的加利福尼亚大学的校长助理和数学教授。其间他得到了两项荣誉很高的科研奖:1975—1976年阿尔弗雷德·P. 斯洛恩(Alfred P. Sloan)研究奖金、1980年约翰·西蒙·古根海姆(John Simon Guggenheim)研究奖金。1976年,他和伯克利分校时的同学郭玉云(音译)结婚,并有两个孩子。

未来的数学

1978—1982年，丘成桐解决了微分几何的3个开放性问题。微分几何是用微商和积分描述和分析多维空间中几何物体的数学分支。通过解决这些难题，他获得了在数学研究领域的声誉。1978年，他的论文《论紧凑凯勒（Kaehler）多面的里奇曲率和复杂蒙格-安培尔等式》，发表在《理论和应用数学通讯》期刊上。在论文中，他解决了卡拉比猜想。这个猜想是意大利数学家阿根尼奥·卡拉比（Eugenio Calabi）在20世纪50年代提出的，与五维及以上的某些表面类型的体积和距离的测量有关。丘成桐证明了在卡拉比提出的条件下，紧凑凯勒多面有特殊的距离方程，被称为里奇平面矩阵。为证明这一点，他证明了复杂蒙格-安培尔非线性微分方程可以求解这些表面。微分几何领域的同事称赞他的成就是十分有力和重要的。这一类的表面现在被称为卡拉比-邱多面，在数学物理和弦理论上被广泛地研究。弦理论的概念是，事物的线构成了所有物质的基本建筑单位。

解决卡拉比曲率后，丘和他以前的学生理查德·萧恩（Richard Schoen）一起证明了正质量曲率。黎曼几何和阿尔伯特·爱因斯坦的广义相对论指出，宇宙能量的总和为正。在他们合作的论文《广义相对论中正质量曲率的证明》中，证明了平均曲率为零的超曲面曲率的特殊情况，这类有限定条件的表面的切线满足基本的数值条件。这篇文章发表在1979年《数学物理通讯》期刊上。1981年，他们在同一个期刊上发表了他们的论文《正质量第二定律的证明》，通过把更多的普遍表面变形为他们先前解决的特殊情况，他们证明了曲率的普遍情况。丘成桐发明了一种新方法来分析时空中的最小面积的行为。这种方法开启了一系列解决复杂方程的新方法，比如儿何、数学物理和拓扑学上的非线性椭圆偏微分方程。1983年，在他们的论文《因为物质浓缩产生的黑洞》中，丘成桐和萧恩把他们的结论应用在黑洞理论上，该文发表在《数学物理通讯》上。论文中他们证明了当足够量的物质聚集在小区域内时，随之产生的重力效用会强大到使物质塌陷和形成黑洞。

　　20世纪80年代早期，丘成桐和美国数学家威廉·A. 密克斯（William A. Meeks）合作解决最小表面和普拉托问题中的开放性问题。普拉托问题是以19世纪比利时物理学家约瑟夫·普拉托的名字命名的。普拉托试验了接线框的皂膜，提出了一个问题：如何用最小的表面积填充给定的界限。很多数学家都研究了这个问题。20世纪30、40年代，美国数学家杰希·道格拉斯（Jesse Douglas）、匈牙利人提波尔·拉多（Tibor Rado）以及美国人查里斯·莫利（Charles Morrey）一起解决了存在的条件。丘成桐和密克斯最终解决了剩下的求解问题，论文《经典普拉托问题和三维多面体的拓扑学问题：道格拉斯-莫利给出解的嵌入和迪恩

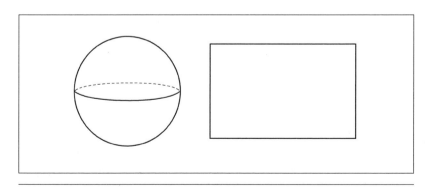

球面和矩形是最小表面积的例子，任何其他容积相同的表面都会有更大的表面积。当长方形的接线框被浸入肥皂溶液和水中时，肥皂就会形成一层平坦的薄膜，这是接线框形成的边界内的最小表面积。

（Dehn）引论的解析证明》，发表在1982年的《拓扑学》期刊上。在论文中，他们证明了道格拉斯解的整个表面是普通三维空间中的光滑表面，这个结论道格拉斯只做了局部的证明。他们之后还发表了这个主题的论文，扩展到对更多维空间（环状和球）曲线和表面的研究。

丘成桐对偏微分方程、微分多重表面的拓扑学和最小表面性质的研究，使他获得了学术界的广泛认可。1981年，美国数学学会（AMS）授予他奥斯瓦尔德·韦伯伦（Oswald Veblen）几何奖，国家科学院（NAS）授予他约翰·J.卡尔提（John J. Carty）奖。1982年，国际数学联盟授予他菲尔德奖章，这是数学界的最高荣誉。菲尔德奖在数学界与诺贝尔奖齐名，授予那些40岁以下已经作出重大数学贡献并且前景辉煌的数学家。1983年，美国艺术和科学院（AAAS）推选他为院士，1984年，《科学读者》提名他为40岁以下100位最杰出的科学家之一。1985年，他获得约翰·D.和凯瑟琳·T.麦克阿瑟（Catherine T. MacArthur）研究奖，这是一个5年的研究奖，每年提供6万美元的研究津费。1986年，美国数学学会邀请他主持第90届夏季会议的高级讨论讲座。

多面属性分析

除了这些使他获得广泛承认和荣誉奖的著名成果，丘成桐还在微分几何的其他领域作出了重大发现。他和香港数学家郑绍远（Shiu-Yuen Cheng）一起分析多维空间中复杂多面曲率的属性。1976年，他们的论文《论 n 维敏科夫斯基问题解的规律性》发表在《理论和应用数学通讯》上，解决了19世纪俄罗斯数学家赫尔曼·敏科夫斯基（Hermann Minkowski）提出的问题，即n维球体表面定义的方程是否能够以多于一种方式扩展到球面内部的所有点。加拿大数学家路易斯·尼伦堡（Louis Nirenburg）曾经解决了这个问题在二维空间中的情况。他称赞丘成桐和郑绍远的方法是有用的，他们的研究也提供了有价值的估计。

1976—1982年，丘成桐和哈佛大学数学家萧荫棠（Yum-Tong Siu）合作，合写了包括6篇论文在内的系列研究论文，主题是多面的曲率。1980年，在论文《正对分的紧致凯勒多面曲率》中，他们用最小球面理论证明了弗朗克曲率。这篇论文发表在《数学发明》上。这个命题认为，有特定曲率属性的唯一一种紧致凯勒多面就是著名的复杂投射空间。他们用和谐地图——偏微商满足一定属性的方程——成功地证明了猜想是正确的。在这些论文中，他们用不同的曲率属性分析了多面。

丘成桐和曾经是伯克利学生的数学家皮特·李（Peter Li）合作，一起研究表面的数值特征，即特征值。在1979年，他们在美国数学学会赞助的夏威夷数学理论论坛上，发表了论文《紧致黎曼多面特征值的估算》。在论文中，他们通过少量的表面曲率的几何信息精确估算多面的特征值。在1981年发表在《美国数学期刊》上的论文《论完全黎曼多面的热核上估计》中，他们研究了与表面曲率有关的另一种数值特征，即热核。

丘成桐和美国数学家卡伦·乌伦贝克（Karen Uhlenbeck）一起，用粒子物理学的概念分析四维多面。1986年，论文《论稳定束中埃尔米特杨-米尔斯联系的存在》发表在《理论和应用数学通讯》上，建立了满足一定拓扑条件和表面矩阵方程的高维多面的联系。20

世纪50年代,中国数学家杨振宁和美国物理学家罗伯特·米尔斯一起引入了杨-米尔斯方程,解释了基本粒子的行为。乌伦贝克和丘成桐合作的论文证明,对于复杂凯勒多面来说,在稳定向量束(一系列由多面决定的方程)和满足杨-米尔斯方程的距离方程间存在一对一的对应,从而证明了希区-克巴雅什猜想。

近期的几何学研究

　　1987年,丘成桐离开加利福尼亚大学圣迭戈分校(USCD),在马萨诸塞州剑桥市的哈佛大学任教。1997—2000年,他担任哈佛的希金斯(Higgins)数学教授。2000年,他担任威廉·卡斯帕·格劳施坦恩(William Kasper Graustein)教授。1996年,他作为约翰·哈佛研究员在剑桥大学的艾萨克·牛顿研究院做了一年研究员。1999年,他是哥伦比亚大学的萨缪尔·艾伦堡访问教授。2000年,他是加利福尼亚技术研究院戈尔登·摩尔访问教授。

　　除了履行在美国的教职责任,他还致力于中国数学的教育和研究。1991—1992年,他作为访问教授在香港中文大学工作一年。1993年,他和中国数学界的带头人一起在香港中文大学建立了数学科学研究院(IMS),并在1994年担任主任。为奖励两位本科学历的优秀教授,他在香港中文大学建立了H.L.Chow数学奖学金和S.Salaff数学奖学金。他也在数学科学研究院创设了陈省生教育基金,以纪念他的博士生导师,并且设立了两个纪念父母的教育基金。从2003年起,他在香港中文大学任永久荣誉教授。

　　1991年,在"数学的现状和未来"研讨会上,丘成桐和其他6位菲尔德奖章获得者分享了他们对数学各个分支现状和未来发展状态的看法。在他的发言"几何和非线性微分方程的现状和前景"中，他观察到这些领域是重要的研究领域。他特别指出这些基础工具在电脑绘图、粒子物理、机器人技术、化学、信息理论、气象预报和生物建模领域会得到越来越广泛的运用。这篇发言和其他奖章获得者的发言一起收录在1992年的《今天和明天的数学研究：七位奖章获得者的观点》一书中。

1992年，他编辑了《陈省生：20世纪伟大的几何学家》论文集，以献给陈省生的79岁寿辰。这个卷本的最后一篇文章是丘成桐的论文《几何学的开放问题》，是他13年前提出和发表的120个微分几何问题列表的最新版本。2000年，他出版了更新的列表，仍然题为《几何学的开放问题》，发表在《拉曼努扬数学界期刊》上。这个列单为25年的几何学研究指明了方向。

他的另一项孜孜不倦的工作，是搜集和交流镜像对称最新研究。这是和最小表面积有关的代数几何和数学物理领域。1992—2002年，他与其他人合著了4本该领域研究论文的合集，题目为《镜像对称1, 2, 3, 4》。他也是这个领域活跃的投稿者。1997—2000年间，他与布兰代斯大学的数学家连鹏、斯坦福大学的刘克峰合著了由4篇论文组成的系列《镜像原则1, 2, 3, 4》，发表在《亚洲数学期刊》上。在他们共同的研究中，他们通过分析更易理解的镜像多面研究了相应的三维卡拉比-丘多面的属性。

在过去的15年里，丘成桐的研究成果使他获得了很多的奖项。1991年，德国亚历山大·冯·洪堡基金会授予他洪堡研究奖。1993年，美国国家科学院推选他为院士，美国艺术和科学院推选他为研究员。1994年，瑞典皇家科学院授予他克拉夫德（Crafoord）奖，奖励他在偏微分几何中提出的非线性方法对几个重大问题的解决。1997

年，美国总统比尔·克林顿授予他美国国家科学基金会的国家科学奖章，这是一项基于个人在科学或数学领域总体成就的奖项。中国科学院、俄罗斯科学院和意大利的国家科学院都选举他为学院的外籍院士。9所大学授予他荣誉学位，中国8所大学授予他荣誉教授。

在他35年的学术生涯中，丘成桐发表了超过300篇论文，编辑了成卷的论文。他在哈佛、普林斯顿、加利福尼亚大学圣迭戈分校、香港中文大学、斯坦福、麻省理工学院和布兰代斯大学指导了三十多位研究生的博士论文。他担任《微分几何期刊》和《亚洲数学期刊》的主编，担任《数学物理通讯》《数学物理通信》和《信息和系统通讯》的编辑，从而为他的领域的研究指明了方向。

 结语

丘成桐在微分几何领域作出了巨大的贡献。他所提出的方法改变了偏微分方程作为分析几何问题工具的使用方法。他对卡拉比猜想的研究，建立了卡拉比-丘多面，成为数学物理的重要研究课题。他证明了正质量猜想，从而为黑洞理论奠定了坚实的数学基础。他解决了普拉托问题、弗朗克猜想和希区-克巴雅什猜想，为长期以来悬而未决的开放问题提供了解答。他在几何领域的研究对数学和物理的很多分支的研究产生了影响，包括拓扑学、代数几何、最小表面积理论、广义相对论、天文学和弦理论。

七 金芳蓉

(1949—)

网络数学教授

金芳蓉是一位兼具工业和学术背景的数学家,对图像和电信网络的数学分析作出了贡献。她还发现了图像边界着色,扩展了拉姆齐理论。她获得了手机呼叫编码和解码的技术专利,使电话内容能够有效和安全地传播。她分析了施泰纳之数的有效性和操控图像以及网络的运算法则。她的光谱分析和随机图为互联网计算的数学属性提供了更深刻的理解。

金芳蓉的专利是手机呼叫编码和解码,并分析互联网运算的数学属性(图片由金芳蓉提供)。

求学数学

1949年10月9日,金芳蓉出生于台湾高雄。父亲金元尚是一位机械工程师,母亲是高中家政老师。父亲鼓励她和弟弟从事数学应用的职业。母亲对教育事业和学生的热忱，对金产生了耳濡目染的影响，使她从小就树立了成为一名教师的理想。初中毕业后，她进入高雄女子高中，在几何和物理上表现出色，并在这两科的标准能力测试中位居榜首。

金芳蓉在高中出色的学习表现使她顺利地进入台湾大学学习数学。一年的通识教育后，研究所所有的课程都开设为数学课。她在学习中对组合数学产生了兴趣，这是数学中关于离散结构数字特征的复杂计算技巧。在解题和学习的过程中，她设计了技术物质有效协作和沟通的方法。1970年，她获得了数学学士学位，然后到美国继续求学。

在费城宾夕法尼亚大学的研究生的学习中，金芳蓉也保持出类拔萃的优异成绩。1972年，她获得硕士学位。1973年，她结了婚，并更名为金芳蓉。在博士资格考试（允许学生继续博士学位学习的考试）中，她获得了全系第一名。赫尔伯特·威尔夫特（Herbert Wilft）教授向她介绍了拉姆齐理论，这是组合数学的一个领域，研究为满足一定条件需要多少物体的集合。在一周内，她证明了公理可以普遍化，这成为她博士生论文的中心部分。1973年，在华盛顿特区华盛顿大学的首都会议上，她在题为《论三角形和有k种颜色的循环拉姆齐数》的报告中解释了她的结论。1974年，她的论文《论拉姆齐数N（3,3,…3;2）》期刊上发表。

这一问题与有n个顶点的图像、由线段（边）相互连接的n个点或顶点的集合有关。金芳蓉的定理提出了下面这个问题：如果每条边被涂上k种颜色中的一种，图像需要有多少顶点，以保证有3个顶点由同一种颜色的三边连接？她证明了有4种颜色的完整图像需要多于50个顶点，才能够保证单色三角形的出现。金芳蓉还得出了由k,

$k-2$和$k+1$种颜色着色的图像最小面积的推论。在她1974年的博士论文《拉姆齐数和组合设计》中，她合并了这些发现并作出进一步的研究，获得了数学博士学位。

 应用数学家

在此后的16年中，金芳蓉在电信领域继续数学研究。1974—1983年，她在新泽西的贝尔实验室计算机系数学基地工作，是一名技术人员。1984年，她加入新泽西贝尔通信研究所（Bellcore），任离散数学研究小组的组长。1986—1990年，金芳蓉任贝尔通信研究所数学、信息科学和操作研究的部门组长。任职期间，她进行了独立的研究，也和其他同事从事拉姆齐理论、图论以及应用于通信网络、电路和计算机运算法则的组合论的研究。作为负责人，她还负责招聘数学工作人员并监督他们的研究。

她和贝尔实验室的同事罗纳德·格拉汉姆（Ronald Graham）继续拉姆齐理论的研究，合著了论文《论完整双向图像的多色拉姆齐数》发表在1975年《组合论期刊》上。他们的合著显示了双向图像的拉姆齐数的属性。在这类图像中，顶点被分为两组，每条边都连接一组和另一组中的节点。这两位数学家于1983年结婚，这篇论文是他们合著的六十多篇研究论文中的第一篇。

在图论领域，金芳蓉在最小生成树和最小施泰纳树建立的有效网络上获得了新的成果。对于一个代表由电话线系统连接的n个用户图，由有限网连接的n个电脑图，或者由一个集成芯片连接的n个电子器件图来说，最小生成树是一组连接所有顶点的$n-1$条

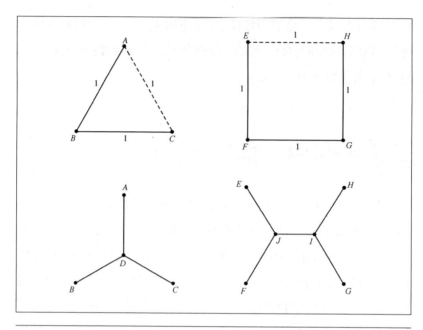

通过在构成等边三角形的三点A、B、C的中心增添施泰纳点D，4个顶点可以由总长度为$\sqrt{3}$的施泰纳树联结，比生成总长度2更有效。在正四边形的四点E, F, G, H中心增加两个施泰纳点J和I，导致了$1+\sqrt{3}$的施泰纳树，小于生成树的总长度3。

边，同时总长度最小的组合。通过引进新的顶点和边，就会导致较小的总边长，这样就成为优化了的施泰纳树。1976年，在组合数学的代数方面会议上，金芳蓉和格拉汉姆发布了合著的论文《阶梯施泰纳树》（Steiner Trees for Ladders）。论文中，他们解释了当相应的成对顶点位于两组平行线上时，如何建立最小施泰纳树。1978年，论文《施泰纳树问题的下界》发表在工业和应用数学学会《应用数学期刊》上，她和贝尔通信研究所的研究员弗朗克·黄（Frank Hwang）一起证明了图像的最小施泰纳树能够节省的长度不会超过最小生成数的26%。在1985年的论文《欧几里得施泰纳最小树的新界》中，她和格拉汉姆进一步界定了这个界限不会超过18%。

这篇论文发表在《纽约数学院院刊》上。1989年,论文《棋盘上的
施泰纳树》发表在《数学杂志》上。在该论文中,金芳蓉、格拉汉姆
和美国数学家马丁·戈登纳(Martin Gardner)描述了由$n \times n$个方
格组成的棋盘图像的施泰纳树。1990年,美国数学学会授予三位
作者卡尔·B.阿伦道夫(Carl B. Allendoerfer)说明性写作奖。

电信网络和算法

　　金芳蓉用图论和组合数学的方法解决了电信网络中的一系列
问题。1977年,在论文《论开关网络的阻塞概率》中,她和黄演示了
如何确定一个媒介开关网络不能够给某些特定节点提供开路的可
能性。在1984年美国数学学会数学信息处理会议上,她提交了题
为《通信网络的直径》的论文,讨论减少网络中信息传递链个数的代
数。她和贝尔实验室的同事桑迪普·巴特(Sandeep Bhatt)以及美国
计算机科学家阿尔尼·罗森堡(Arny Rosenbert)合写了论文《提高
可测性的分离电路》发表在《VLSI高级研究》上,这是关于大规模集
成电路设计方法的论文集。他们的论文讨论了把信息处理工作均匀
分布给计算机电路储存器的方法。1987年,她与罗森堡及美国应用
数学家弗朗克·莱顿(Frank Leighton)合著了论文《书本中的图像
嵌入:应用VLSI设计的分布问题》,发表在《代数离散方法期刊》上。
这篇论文讨论了图像的边可以像书页一样管理的条件,以及把这种
图像整合到芯片设计中的意义。

　　金芳蓉研究了解决离散数学中间出现的其他问题的算法。她
与美国数学家米歇尔·葛尔勒(Michael Garey)、计算机科学家大

卫·约翰逊（David Johnson）一起合著了论文《论二维文件名的储存》，发表在1982年工业和应用数学学会的《代数离散方法期刊》上。他们的论文提出了新的方法，把按大小分类的长方体物体无重叠地有效安排在数量最少的大长方体中。1985年，她与贝尔通信研究所的研究员丹·哈杰拉（Dan Hajela）和英国数学家保罗·塞莫尔（Paul Seymour）一起，为计算机机械协会（ACM）第17届计算机理论年会合写了文章《自我组合的序列搜索和希尔伯特不等式》。他们合作的研究分析了获得储存在线性目录下的信息的方法。1986年，在东京举行的离散算法和复杂性会议上，她发表了与格拉汉姆以及鹿特格尔斯大学的数学家密歇尔·萨克斯（Michael Saks）合著的论文《图像的动态搜索》。在这篇论文中，他们讨论了搜索关于结构随着历史请求改变的图像的数据困难性。

在贝尔实验室和贝尔通信研究所的时间里，金芳蓉具有商业应用价值的发明获得了两项专利。1988年，她发明了对声音信号编码和解码的技术，这样就可以通过码分多址连接方式可靠地传递通信网络声音信号。她的编码和解码系统可以把不同的通话连接到不同的天线上，从而使多个无线电话可以安全地使用同一个无线电频率。除了数据的安全性之外，她的编码-解码过程还有另一个重要的作用，即可以快速地用于保存呼叫者的自然声音。1993年，她因为发明了网络交通行程管理的方法而获得第二项专利。

学术研究员

在电信行业工作了15年后，金芳蓉改变了她的事业方向，成为一名大学教授。1989年，她作为普林斯顿大学的访问教授教计算机科学的课程。1990—1994年，她成为哈佛大学的贝尔通信研究所会员，她在那里学习了一年，并且作为访问教授教了两年的数学课程。1994年，她离开贝尔通信研究所，在普林斯顿的高级研究所做研究。1995—1998年，她在宾夕法尼亚大学获得数学教授和计算机科学教授的职位。1998年，她搬到圣迭戈的加利福尼亚大学（UCSD），得到数学教授、计算机科学与工程教授和阿卡迈网络数学教授的职位。在加利福尼亚大学，她设计了把大学中所授的理论数学和商业应用的数学联系起来的课程。

　　无论是在研究中，还是在教学中，金芳蓉都很强调数学、科学和工程领域的联系。在1991年发表于《美国数学界通告》的文章《你应该为非学术的生涯做不一样的准备吗？》之中，她建议那些不打算在数学教学领域发展的学生全面地了解数学知识，以备在多元的环境里应用数学知识。在1993年发表在《美国科学家》（American Scientist）的论文《数学与平向球》中，她和哈佛数学家施罗默·施泰恩伯格（Shlomo Sternberg）分析了碳60的数学属性。碳60的几何形状被称为平向球。他们的文章中还带有一个图示，是20个六边形与12个五边形相连，读者可以把这个图示剪下来，拼成一个足球形状的多面体。

　　20世纪90年代，金芳蓉发表了3本有关图论的一般性命题和组合数学的书。1991年，她和格拉汉姆、数学家尤瑟夫·阿拉维（Yousef Alavi）及弗朗克·苏（Frank Hsu）博士一起合著了《图论、组合数学、算法和应用》，对这些数学相关领域的近期文献作了总结。1992年，她与剑桥大学的数学家贝拉·伯罗巴斯（Bela Bollobas）、斯坦福大学的佩尔斯·迪阿康尼斯（Persi Diaconis）合著了会议录《随机组合数学及其应用》。这部著作搜集了代表随机图像经典结论和发展现状的7篇论文。随机图像是指两个顶点间的线段是由概率分布决定的图像。1998年，在她和格拉汉姆的书《额尔杜斯图论：他的悬谜传奇》中，他们汇集了所有匈牙利数学家保罗·额尔杜斯提出的图论中的开放性问题，额尔杜斯还承诺为每一个问题的解决付奖金。金芳蓉曾经与额尔杜斯合作过12篇论文，额尔杜斯是个大忙人，不是奔走于各种国际会议，就是和人脉广泛的研究者一起合作，但是他空闲的时候，是金芳蓉家的常客。

金芳蓉在图论和网络理论研究方面保持着稳定的发文量。她与格拉汉姆和贝尔通信研究所的同事诺加·阿隆（Noga Alon）一起合著了论文《通过匹配的路由排列图像》，发表在1994年《离散数学期刊》上。这篇论文分析了用不重叠的一系列线段，分不同阶段从每个图像的顶点向不同顶点发送信息的方法。1997年，她和巴特写了一篇题为《工作站网络中循环偷移的最优化战略》，发表在电学和电子工程学会的《计算机学报》上。在论文中，他们分析了通过使计算机在平行配置下运作，相互间能借用处理时间，可以使生产率提高。金芳蓉和巴特、罗森伯格以及AT&T研究员威廉姆·艾耶罗（Eilliam Aiello）、拉莫什·西塔拉曼（Ramesh Sitaraman）一起写作了论文《扩张环网络》，发表在2001年电学和电子工程学会的《平行和分散的系统通讯》上。这篇论文探讨了提高一组顺序相连的电脑工作效率的方法。

光谱图论和网络数学

金芳蓉的研究兴趣还包括光谱图论，这是一个研究发展和应用定义图像属性数学方法的图论分支领域。在1991年美国数学学会-

MAA的暑期联合会议上，她做了题为《拉普拉斯算子和超图》的演讲，被美国数学学会收藏在录像研究系列发行。在她的演讲中，描述了在拉普拉斯矩阵中如何使用有关图像定点和超图像定点之间互联程度的信息。1997年，在《光谱图论》（Spectral Graph Theory）一书中，她提出了对这个数学领域的统一方法，强调了从图像的拉普拉斯算子特征值的分析中得出结论的方法。1997年，在美国数学学会的有限场曲线应用大会上，她发表了论文《格子子图的生成树》，文中她用拉普拉斯算子估算了图像子集（即格子）的生成树数量。她与法国数学家查尔斯·德罗姆（Charles Delorme）和帕特立克·索勒（Patrick Sole）一起，合著了论文《多径和多重》，发表在《欧洲组合数学期刊》上。这篇论文分析了有特定直径的巨幅图像的构成，以及连接任意两个顶点的线段的最短长度序列。

金芳蓉现在担任加利福尼亚大学阿卡迈教授。她在近期的研究集中对组成万维网的电脑的国际网络进行数学分析。1998年，在中国台湾台北市举行的"计算和组合数学大会"上，她和格拉汉姆发表了论文《动态位置问题的有限展望》。论文中探讨了只有在重新检视历史请求和能够预览一部分待定请求名单后，才能够满足服务请求的计算机网络的效率问题。这个问题来自访问网页的管理。金芳蓉和格拉汉姆与新泽西特尔科迪亚（Telcordia）技术院的电学工程师马克·甘雷特（Mark Garrett）、大卫·沙尔克罗斯（David Shallcross）一起，合著了论文《互联网断层摄影技术应用的距离实现问题》，发表在2001年《计算机和系统科学期刊》上。这篇论文探讨了顶点由按特定长度排序的线段连接的图像，以及互联网数据传送模式分析的相关问题。2003年，金芳蓉和她的加利福尼亚大学同事卢麟元（音译）和凡·伍（Van Vu）一起合写了《随机幂律图像的特征值》，发表在《组合数学年鉴》上。他们分析了随机生成图像的数学特征，在这类图像中，有k条边的顶点与k的某次幂成比例。这些图像出现在电子邮件的传输中，也出现在生物网中。她与格拉汉姆和卢麟元共同写作了论文《从点积问题猜测秘密》，这篇论文分析了搜索者可以从试图披露最小量信息的对手那里获得信息的算法。

在教学和研究之外，她还担任数学界的期刊编辑和许多委员会、专业学会委员会的会员。作为《应用数学前沿》《网络数学》和《组合数学电子期刊》的合作主编，作为11本其他学术期刊的编委会成员，她审阅研究者的作品，并参与决定将来研究的方向。1990—1993年，她在离散数学和理论计算机科学国家科学基金会中心（DIMACS）执行委员会担任职务。20世纪90年代初期，她在离散算法论坛和计算机理论论坛组委会任职。20世纪90年代，她在专业界担任了很多领导职务，包括主持美国数学学会数学科学会议委员会、MAA的普特南问题委员会，以及离散数学的工业和应用数学学会的活动小组。她一直都在数学研究及其应用研究所管理层任职，并在纽约科学院咨询团担任职位。

在她的职业生涯中，共写了4本书和二百多篇论文。她的合作者包括数学家、计算机科学家、统计学家和化学家。在贝尔通信研究所的岁月中，她指导了很多研究和4位研究生的博士生论文。1998年，金芳蓉当选美国科学院院士。

 结语

在学术界和工业领域，金芳蓉在组合数学、图论、网络和互联网数学领域均有全新的研究成果。在分析拉姆齐数的过程中,她在图像着色上取得了新的发现。她的CDMA编码和解码技术为有效安全地传送无线电话呼叫提供了方法。她分析了施泰纳树的效率和操纵图像及网络的算法。她在光谱理论和随机图像领域的进一步研究,为理解互联网和万维网的数学属性提供了更深的理解。

八 安德鲁·怀尔斯

(1953—)

证明费马大定理的数论理论家

安德鲁·怀尔斯模形式和椭圆形曲线证明了费马的最后一个定理（Denise Applewhite/CORBIS SYGMA）。

安德鲁·怀尔斯（Andrew Wiles）经过7年与世隔绝的研究，通过求证模椭圆形的相关猜想证明了费马大定理。他用数论解决了这个三百多年未解决的悬案，从而获得了国际性的声誉。在取得这项著名的成就之前，他通过研究伊瓦萨瓦（Iwasawa）理论和比尔奇和斯维纳尔顿-戴尔（Swinnerton-Dyer）猜想，为代数数论作出了杰出的贡献。

 对数学的早期兴趣

1953年4月11日，安德鲁·约翰·怀尔斯出生在英国剑桥。他和他的姊妹在学术氛围浓厚的家庭环境中长大。他的父亲是一位受任牧师，担任剑桥大学克拉尔（Clare）学院的院长，还是皇家神学教授和牛津大学基督教堂的神职人员。

儿童时代的怀尔斯在学校时就喜欢求解代数问题,在家的时候还喜欢自己提出与求解相似的问题。10岁时,他对费马大定理着了迷。费马大定理是这样一个猜想:对等式$x^n+y^n=z^n$,当n是大于2的整数时,不存在满足等式的非零整数x, y, z。在读过了艾力克·腾伯勒·贝尔(Eric Temple Bell)的书《最后一个问题》(The Last Problem)后,他就被这个三百多年来未得到解决的著名难题深深吸引了,他决定解决费马大定理。青年时代,他试着用高中数学解决这个问题。在牛津大学梅尔顿(Merton)学院学习数学专业期间,他特别留意了3个世纪以来试图攻破费马难题的数学家们使用的各种方法。对这个问题的痴迷促使他在数学领域进一步地学习。

对椭圆曲线的研究

1974年,怀尔斯从牛津大学获得了学士学位,并进入剑桥大学的克拉尔学院攻读研究生。1975年,他通过了剑桥大学数学荣誉学位考试的第三部分,这是英国大学第四年数学综合考试。1977年,他获得了数学硕士学位,在克拉尔学院担任了3年初级研究助教,在马萨诸塞州的哈佛大学担任本杰明·皮尔斯(Benjamin Pierce)助教。在哈佛的日子里,他在约翰·寇特斯(John Coates)教授的指导下进行研究。他选择专攻代数数论,这是运用代数研究整数属性的数学分支。他希望他的研究能够攻克费马大定理。

寇特斯和怀尔斯一起研究了椭圆曲线,即等式形式为$y^2=x^3+ax^2+bx+c$(其中系数a, b, c均为整数)的曲线。图像上构成椭

圆曲线的 (x, y) 点可以转化为二维的区域,被称为点阵,然后进一步被转化为面包圈形状的环面表面。分析椭圆曲线的数论理论家试图确定满足这个方程的整数坐标的个数,以及从代数上修正点阵的同时不改变相关环面形状有多少种方法。

在他们的早期研究中,寇特斯和怀尔斯扩展了奥地利数学家埃米尔·阿尔丁(Emil Artin)、德国数学家赫尔穆特·哈瑟(Helmut Hasse)以及日本数学家肯基奇·伊瓦萨瓦(Kenkichi Iwasawa)所得出的一类代数结构,并将之一般化为更大类型的结构。1976年,他们在法国卡恩召开的"代数日"会议上,发表了他们初级的研究成果《显示互反定律》。1978年,怀尔斯在论文《高级显示互反定律》中更详细地描述了他们的研究,发表在《数学年鉴》上。对一对整数 p 和 q,互反定律认为,对一些整数 j 和 k 来说,x^n 的形式也可以表达为 $x^n=p+q \cdot j$ 和 $x^n=q+p \cdot k$。在论文中,寇特斯和怀尔斯建立了当 p 和 q 与其他更复杂的代数结构相联系时的互反定律。

怀尔斯和寇特斯用他们的互反结论解决了有关椭圆曲线的一个著名猜想的一部分难题。任意椭圆曲线表面上的点都可以通过与一个整数相乘来变换。如果通过与有限的复数集合相乘能够完成相似的变换,数学家就说这个椭圆曲线有复数乘子。20世纪60年代,英国数学家布赖恩·比尔奇(Bryan Birch)和皮特·斯维纳尔顿-戴尔(Peter Swinnerton-Dyer)提出了一个猜想,即有一种简便方法来确定一个椭圆曲线是否有有限或无限个有理数点(坐标是分数或者有理数的点)。在1977年的论文《论比尔奇和斯维纳顿-戴尔猜想》中,他们证明了比尔奇和斯维纳顿-戴尔猜想的一半,即有复数乘子的椭圆曲线,发表在《数学发明》中。虽然他们没有能够完全证明这个猜想,但在2000年5月,克雷(Clay)数学研究院悬赏100万美元解决悬

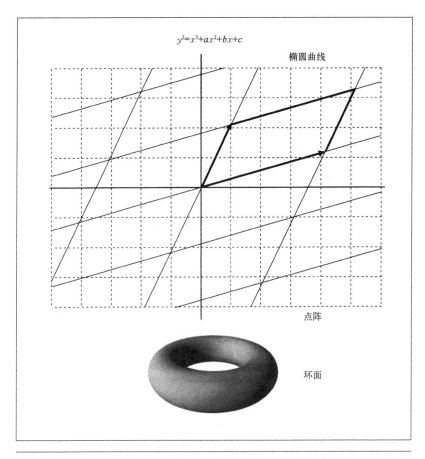

椭圆曲线在复数平面上产生周期点阵，与面包圈形状的环面表面相对应。

而待决的猜想。这充分说明了他们的工作是非常有价值的。

1980年，怀尔斯获得剑桥大学博士学位。他的博士论文的题目为《互反定律和比尔奇与斯维纳顿-戴尔猜想》，文中介绍了他对这个著名猜想的部分解决，以及他早期对互反律的研究。他在学术界日益上升的声望，使他能够在德国、美国和法国6所不同的学术机构进行了6年的学术生活。1981年，他是德国波恩理论数学特殊研究领域的访问教授。1981—1982年，他是新泽西普林斯顿的高级研究所的成员。接下来的一年，他在奥塞附近的巴黎大学度过，并获得了普林斯顿大学的数学教职职位。1985—1986年，他获得古根海姆奖学金，在巴黎高级科学研究所和巴黎高师做访问教授。

 ## 模型和伊瓦萨瓦理论

完成他的博士论文后，怀尔斯意识到他在费马大定理的求解上没有任何进展。他暂时把这个问题放在一边，转而研究代数数论和其他的课题。在接下来的15年中，他集中研究模型和伊瓦萨瓦理论。模型是椭圆曲线的一类，有很好的点阵属性。伊瓦萨瓦理论是伊瓦萨瓦在20世纪50年代提出的方法，在数集结构和相关的方程集间建立联系（它们分别被称为代数数场和代数方程场）。

怀尔斯在模型和伊瓦萨瓦理论上最重要的论文是《阿尔贝扩张Q的类域》，这是他与美国数学家巴里·马祖尔（Barry Mazur）合著的。1984年，这篇论文发表在《数学发明》上。他们证明了伊瓦萨瓦理论对与所有有理数集有关的数场的主要猜想。这个猜想认为，在p化合价zeta方程和伊瓦萨瓦模型间应该存在精确关系，这两者都与代数数场有关。这篇论文是对伊瓦萨瓦理论的重要突破，因为它完整地证明了对任意数场主要的猜想。1990年，怀尔斯在论文《伊瓦萨瓦对完全实数场的猜想》中发表了对实数场伊瓦萨瓦理论主要猜想的一般性证明，刊登在《数学年鉴》上。

怀尔斯对伊瓦萨瓦理论的主要猜想和他早期对比尔奇和斯维纳顿-戴尔猜想的研究，对代数数论作出了重大贡献。1988年，伦敦数学学会授予他怀特黑德（Whitehead）奖，该奖项奖励在40岁以前获得重大数学成就的数学家。1988—1990年，他以牛津大学皇家研究学会教授的身份回到英国。其间，伦敦皇家学会推选他为成员。1991—1992年，他在普林斯顿大学和普林斯顿高级研究所做访问教授，然后进入了普林斯顿的数学系。

证明费马大定理

1986—1993年，怀尔斯开始全心全意地研究一个问题：费马大定理。虽然这期间他也发表了一些论文，实际上这些研究都是在1986年之前完成的。他全力以赴地投入到这项艰巨而漫长的研究中，间歇性发表的论文不过是掩人耳目。除了教学的时间之外，他都躲在家里阁楼上简陋的办公室里独自工作。只有他1986年结婚的妻子娜达（Nada）和普林斯顿的数学教授、他的同事尼古拉斯·卡茨（Nicholas Katz）知道他在求解费马定理。他每天都在思索这个问题，每天都对它投入精力。他唯一分心的事情就是和他的3个女儿克拉尔（Clare）、凯特（Kate）和奥丽薇亚（Olivia）玩耍。

费马定理是17世纪法国数论理论家皮埃尔·德·费马（Pierre de Fermat）宣称得到证明的很多定理。他死后的150年，数学家陆陆续续证明或者证伪了他的这些定理，只剩下了费马大定理未得到解决。费马大定理的内容是：对等式 $x^n+y^n=z^n$，当幂数n是大于2的整数时，这个方程没有整数解。19世纪中期，法国的数学家证明了当n小于200时的特殊条件下的费马大定理，但是只完全证明了当n=3,4,5,7和14时的情况。1976年，数学家们证明了当n小于

125 000时，费马等式无整数解。16年后，在计算机程序的帮助下，科学家们证明了当n小于4 000 000时，也没有整数解。

1986年，美国数学家肯尼斯·基伯特（Kenneth Ribet）讨论椭圆曲线早期猜想的一篇论文激发了怀尔斯全心全意投入费马大定理的热情。1955年，日本数学家塔尼雅玛（Yukata Taniyama）和诗穆拉（Goro Shimura）提出了这样的猜想：每一条系数为有理数的椭圆曲线都是模的。基伯特把费马大定理和椭圆曲线联系在一起，他证明，对$a^n+b^n=c^n$，如果其中a, b, c为非零整数，那么$y^2=x(x-a^n)(x+b^n)$就是一条非模的椭圆曲线。这个结果说明，如果塔尼玛雅–诗穆拉猜想是正确的，那么满足费马方程和产生基伯特非模椭圆曲线的系数a、b、c就不可能存在。

1993年，怀尔斯已经在这个问题上研究了7年。他有限地证明了塔尼玛雅–诗穆拉猜想。他集中研究半稳定的椭圆曲线，即3个根满足质数特定条件的椭圆曲线。他用伽罗瓦表达、赫克代数、识别和j不变量证明了任意一条半稳定的椭圆曲线都是模的。因为当$a^n+b^n=c^n$时，椭圆曲线$y^2=x(x-a^n)(x+b^n)$是半稳定非模的，所以整个结论证明了不存在系数a、b、c。

1993年1月23日，怀尔斯在剑桥大学牛顿研究所的小型会议上宣布了他的研究结果。当他演示了每个半稳定椭圆曲线都是模的证明，并指出了这个结论证明了费马大定理时，在场的200名数学家给了他经久不息的掌声和欢呼。怀尔斯证明了费马大定理的消息震撼了整个国际科学界，直到一位数学家在这个证明中发现了微小的错误。在接下来的15个月里，怀尔斯和他以前的学生理查德·泰勒（Richard Taylor）一起纠正了这个错误，他们使用的方法是用不同的方法更可靠地替代了这个证明过程的一部分。1995年5月，《数学年鉴》用109页刊登了怀尔斯修正后的证明,题为《模椭圆曲线和费马大定理》,还同时刊登了怀尔斯和泰勒合著的48页的文章《某些赫克代数的环理论属性》。

怀尔斯成就的意义超越了证明一个三百多年未解决的问题。他的证明为朗兰(Langlands)项目提供了实现的可能。朗兰项目是20世纪60年代加拿大数学家罗伯特·朗兰(Robert Langlands)倡导的,其目的是建立数学各个看似不相关学科之间的联系,从而把数学统一起来。怀尔斯的成就激励了其他数学家,他们开始使用现代数学几何的方法来解决经典猜想和其他领域的数学问题。

怀尔斯对费马大定理的证明使他获得了多项奖励,他也因此成为名人。1993年,《人民》杂志提名他为年度最有魅力的人物。次年,普林斯顿大学任命他为数学系奥根纳·希金斯(Eugene Higgins)教授,美国艺术与科学院选举他为院士。1995年,他从瑞典皇家科学院获得数学肖克(Schock)奖,1995年,保罗·萨巴蒂尔(Paul Sabatier)大学授予他费马奖。1996年,美国国家科学院选举他为外籍院士,并授予他科学院数学奖。美国数学学会邀请他在1996年第100届夏季研讨会议上发言,并授予他1997年弗朗克·尼尔森·科勒(Frank Nelson Cole)数论奖。1997年,公众广播系统制作了一部纪录片《证明》,记录他证明费马大定理的过程。1998年,在菲尔德奖章颁奖仪式上,国际数学学会授予怀尔斯特别银质奖章,嘉奖他作出的贡献。克莱数学研究院提名他为1999年克莱研究奖获得者。

怀尔斯还获得了几项使他名利双收的奖。1997年,他获得了沃尔夫斯基尔奖。这是1908年德国数学家保罗·沃尔夫斯基尔(Paul Wohlfskehl)设立的奖金,他向哥廷根大学遗赠10万马克,以奖励第一个完整证明费马大定理的人。约翰·D.和凯瑟琳娜·T. 麦克阿瑟基金会提名他为1997—2002年会员，这样他每年都能获得6万美元的资助。1998年，他获得了费萨尔（Faisal）国王国际科学奖，得到20万美元和金质奖章。香港的肖（Shaw）基金奖授予他2005年肖奖，价值100万美元。

费马之后的研究

作为普林斯顿大学数学系主任，怀尔斯继续从事数学方面的教学和研究工作。1995—2004年，他也在普林斯顿高级研究所任数学教授。从1998年开始，他任克莱数学研究所的科学咨询委员，这个研究所为7个最著名数学问题的解决提供了百万美金的奖励。他指导了12位研究生的博士论文，应邀做了多场关于他对数学的研究和看法的讲座。其中有代表性的一场讲座是《数论二十年》，是他1998年在柏林国际数学学会所做的讲座，介绍这个数学分支的研究现状。

2001年，法国数学家克利斯托夫·布雷尔（Christophe Breuil）和怀尔斯以前的3个博士学生布赖恩·孔拉德（Brian Conrad）、弗雷德·戴尔蒙德（Fred Diamond）和泰勒证明了所有的椭圆曲线都是模的，从而最后解决了塔尼雅玛-诗穆拉猜想。虽然怀尔斯没有直接参加这项合作研究，但他们的研究遵从了他先前对半稳定椭圆曲线粒子的研究策略和方法。

怀尔斯继续在数论方面展开研究。1997—2001年，他发表了一系列的论文。他和他以前的博士学生克利斯·斯金娜（Chris Skinner）发表了对模型属性研究的成果。1997年，他们的论文《通常表示和模型》发表在《美国国家科学院院刊》上。这篇论文使用了怀尔斯早期对伊瓦萨瓦研究的方法,证明了某些曲线的类型是模的。在论文《剩余可约表示和模型》中,他们提出了研究模型的新思路,用来解决马祖尔和法国数学家让-马克·冯泰纳(Jean-Marc Fontaine)的猜想。该论文发表在2000年法国高级数学研究院的院刊上。他们最近的两篇论文:《基数变化和瑟里问题》,发表在2001年《杜克数学期刊》上;《对不可约剩余表示的近似普遍变形》,发表在法国图卢兹科学系《数学年鉴》上。这两篇论文对模型提出了新的解题方法,证明了更多的结论。

结语

安德鲁·怀尔斯通过部分证明比尔奇和斯维纳顿-戴尔对椭圆曲线的猜想,以及伊瓦萨瓦模型理论的主要猜想,对数论作出了重要贡献。在7年孜孜不倦的研究中,他证明了有限塔尼雅玛-诗穆拉对半稳定椭圆曲线猜想。这个结论解决了3个多世纪来数学家一直在试图证明的费马大定理。

九　英格丽·多贝西

(1954—)

用小波建立图像模型

英格丽·多贝西引入了多贝西小波（简称小波），作为储存和分析电信号和电脑产生图像的有效工具（Denise Applewhite）。

英格丽·多贝西（Ingrid Daubechie）引入了多贝西小波。这是用基本波形的求和来代表数学公式的简便计算方法。多贝西小波和随后她在双正交波研究上的进展，为研究者提供了捕获电信号，把指纹数字化以利于存储、处理图像和分析信号的有效方法。现在，她继续和数学家、科学家、工程师和生物医学研究者合作，扩展小波新的应用。

早期经历和教育

1954年8月17日，英格丽·夏塔尔·多贝西（Ingrid Chantal Daubechies）出生在比利时东部一个名为豪塔哈伦（Houthalen）的采矿小镇上。她的父亲马歇尔·多贝西是在采矿业工作的土木工程师。她的母亲获得了经济学学士学位，然而作为工程师的妻子，家庭不允许她在事业上投入太多的精力。她后来获得了犯罪学双学士，从事社工工作，帮助那些暴力犯罪家庭的孩子。虽然她的父母都说法语和荷兰语，但是英格丽和她的哥哥都把荷兰语作为母语。孩提时代的英格丽喜欢纺织、做陶器、阅读和修机器。她很早的时候就对代数表现出了兴趣。她发现，如果一个整数的各数位相加能够被9整除，那么这个整数就能够被9整除。她还可以进行2的整数幂心算，比如$2^1=2$，$2^2=4$，$2^3=8$，$2^4=16$，……在公共小学和女子高中里，她的理科成绩始终是班里的佼佼者。

高中毕业后，多贝西进入布鲁塞尔自由大学。她希望学习数学，她的母亲希望她成为一个工程师，她的父亲鼓励她成为一个科学家。作为折中，多贝西选择了物理作为专业。大学开设的课程头两年几乎全是数学，没有人文科学的内容。在本科学习的后两年中，她的课程几乎全是物理和实验课。1975年，她获得了物理学学士学位。

 对量子物理的研究

接下来的5年，多贝西在布鲁塞尔自由大学理论物理系攻读博士学位。作为研究助教，她每周给本科的物理课程上习题课，每天工作8—10小时。轻松的工作任务使得她能够集中精力做量子物理的研究。量子物理是理论物理的分支，专门分析原子、电子和其他极小粒子。她最初的研究兴趣是找到描述或量化亚原子运动的公式。她的第一篇研究论文《超微分算子在对当量子化的应用》，发表在1978年的《数学物理通信》上。她建立了一些量化函数及其微商的拓扑属性。

还在研究院的时候，多贝西和同学迪德里克·埃尔茨（Diederik Aerts）合写了5篇关于量子物理在希尔伯特空间上的应用的系列论文。希尔伯特空间是指矢量可以通过内部乘法运算合成的数学结构。其中的一篇论文题为《用张量积把两个量子系统描述为一个结合起来的系统的物理证明》，1978年发表在瑞士物理期刊《赫尔维提卡物理活动》（Helvetica physics activities）。在论文中，他们证明了在量子物理中，如果两个物理系统构成了一个合成系统的元素，那么合成的希尔伯特空间就是这两个次级系统的张量积。他们的其他论文讨论了相同课题的相关方面。

1980年，在比利时物理学家让·海格尼尔（Jean Reignier）和法国物理学家亚历山大·克罗斯曼（Alexander Grossmann）的指导下，多贝西完成了博士论文《科尔内尔斯量子机械算子表达在希尔伯特分析函数上的表示法》，获得了博士学位。在博士研究中，她分析了连续状态的属性，能够在量子力学和经典力学之间建立对应关系的数学工具。她的研究也包括在希尔伯特空间中和亚原子粒子的位置和动量紧密相关的局部函数。

1981—1983年，多贝西获得了布鲁塞尔自由大学研究助手的职位，但她离开了学校，在新泽西普林斯顿大学和纽约市纽约大学科朗特（Courant）研究院做博士后研究。她继续对理论粒子物理的研究，独立或合作写论文。这个阶段多贝西研究的代表作是《具有相对动能的单电子分子：离散光谱的属性》，发表在1984年的《数学物理通讯》上。论文中她分析了描述小粒子行为的特征值和其他数值特征。

1984年，多贝西获得路易斯·恩培（Louis Empain）物理奖，这是奖励29岁前对科学作出贡献的比利时科学家的奖项，每5年颁发一次。她获奖的论文题目是《以使用连续状态形式主义的积分转化来研究维尔量子化》。在这篇论文中,她用希尔伯特空间中的方程来测量小微粒的位置和动量,从而扩展了博士论文的研究。同年,多贝西被提升为布鲁塞尔自由大学研究教授,并获终身教职。

1984—1987年,多贝西和美国数学物理学家约翰·克劳德尔(John Klauder)合作,分析路线积分的构成,这是一种测量量子微粒经过的距离的方法。他们用的是美国数学家诺尔伯特·维纳尔(Norbert Wiener)求平均路径的方法。1984年,他们的论文《对所有多项式汉密尔敦函数适用的,使用了诺尔伯特·维纳尔方法的量子机械路径积分》,发表在《物理学评论通讯》(Physical Review Letters)上。1985年,他们的论文《对所有多项式汉密尔敦函数适用的,使用了诺尔伯特·维纳尔方程的量子积分路径之二》发表在《数学物理期刊》上。

多贝西小波

1985年,多贝西开始对小波的研究。这是能够用来构成更复杂方程的基本数学方程单位。当对表达波形的新方法产生了兴趣后,她离开了比利时,成为新泽西贝尔实验室数学研究中心的一名技术人员。多贝西在贝尔实验室的工作集中在发展和分析信号处理技术,这是应用数学中和转换、操控、储存和重构电和电子信号的分支。同年,她与A.罗伯特·卡尔德邦克(A. Robert Calderbank)结婚,卡尔德邦克是贝尔实验室的英国数学家。

把方程表达为更简单的组成部分之和的概念,是法国数学家约瑟夫·傅立叶(Jean-Baptiste Joseph Fourier)在19世纪上半期最早提出的。他的傅立叶序列使科学家和工程师能够用有限个正弦和余弦之和表达声波和其他的周期函数。1909年，匈牙利数学家阿尔弗雷德·哈尔（Alfred Haar）引入了哈尔小波基本方程，使得数学家能够大概估计由短正脉冲和负脉冲构成的更加复杂的方程。20世纪30年代，英国数学家约翰·利特尔伍德（John Littlewood）与雷蒙·佩雷（Raymond Paley）改进了这种方法，用倍频程给频率分组来描述声波。20世纪40年代，匈牙利数学家丹尼斯·盖伯（Dennis Gabor）引入了盖伯转换，把波分解为时间-频率群集。20世纪80年代，科学家、数学家和工程师发展了更多的方法来表达函数。特别是用更加基本的构成元素来表达电信号和周期波形，但是没有一种技术在专业领域之外得到广泛应用。

20世纪80年代，4位法国科学家发明了系统的一般小波理论。让·莫雷（Jean Morlet）是一位地质学者。他试图改进地震波的工具，以便更好地勘测地下石油储备。他提出了恒常形状的小波概念，也就是当波发生转向、伸展或收缩时，都保持形状不变的基本函数。1984年，格罗斯曼和莫雷证明了所有的函数都可以分解为恒常形状的小波，也可由这种小波重组为平滑信号，虽然在测量和计算的过程中会产生小的误差。物理学家伍思·迈耶（Yves Meyer）改进了他们的研究，他引进了一种直角小波系统，即每个小波所表达的信息都独立于其他所有小波所捕获的信息。1986年，计算机科学家史蒂芬·马拉（Stephan Mallat）把小波运算简化为求每个信号一小部分平均数和差异的简单运算。

1987年2—3月，多贝西提出了一种紧凑弹力的直角小波的新理论，这就是今天的多贝西小波。紧凑载体的意思是，每个小波只有在有限的间距内才有非零值。直角的含义是，每个小波都独立表

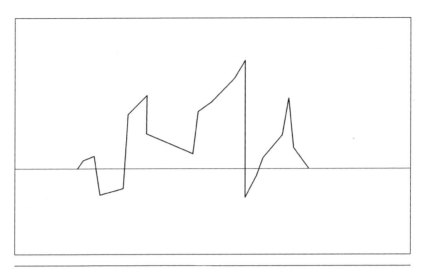

典型的多贝西微波是有不光滑边缘和频频出现刺波的不规则形状的曲线，每一条都捕获原波的不同特征。通过增加一组这种基本波，声波可以有效地简化。

达所建立函数的某个方面，且这些波大小相同。在法国马赛举行的"国际小波及其应用工作室"会议上，多贝西做了题为"有限弹力小波的标准正交基础"的大会发言，介绍了她的观点。她长达87页的论文《紧凑弹力波的标准正交基础》发表在1988年的《理论和应用数学》上，为她的新理论提供了更完整的解释。这篇论文使得小波的概念能够在数学、科学、工程和广阔的领域得到运用。

多贝西这类新的小波有很多好的属性，使它们比前面的各种小波变体得到了更广泛的使用，它们在使用简便普及的信号过滤的计算机上能很方便地应用。虽然每个小波都呈锯齿状的参差不齐，但由一系列这样的小波叠加而成的信号却是光滑的。因为它们是标准正交的波的集合，它们有效地捕获了所要模拟的曲线的所有属性，且没有任何冗余。作为紧致弹力函数，每个多贝西小波都更简洁地表达了大函数中一小部分的信息，比窗口傅立叶转换这类麻烦的基本函数方便多了。

1988年，在具有里程碑意义的论文结尾，多贝西附上了可以提供多贝西小波叠加而成的方程显性信息的系数表。这组实用信息可以使工程师很快地把她的思想应用到数字化的电子信号处理中。他们可以把波形的所有特征简化为一组离散系数，从而能够在大规模和平移的"母"波复制版本基础上重新构造出波。多贝西小波很快成为信号处理的基础工具。

数字图像的压缩

20世纪90年代，多贝西从工业界又回到了学术界，虽然她直到1994年仍在贝尔实验室担任技术员。1990年，她离开实验室在密歇根大学待了半年。1991—1993年，她在新泽西的鹿特格尔斯（Rutgers）大学数学系任教授。1992年，她发表了《小波十讲》一书，介绍了小波理论的最新进展，指导性地解释了怎样把理论运用在信息处理、图像处理和数字分析上。这本书获得了美国数学学会颁布的1994年雷洛伊·P. 斯蒂勒（Leroy P. Steele）数学解释奖，并且很快成为小波理论的标准教材。

多贝西在美国周游，给各种各样数学和科学界的听众讲解小波。1992年，她应邀为美国数学学会、马里兰州巴尔的摩工业和应用数学学会做了题为"数学和机械工程中构成波的小波"的演讲。美国数学学会制作了系列录像"数学专题讲座"，她的这个讲座成为小波历史录像的一部分。1992年，在美国国家科学院资助的"前沿数学"研讨会上，多贝西在论文《小波和信号分析》中，解释了如何用小波表达、转化和重构电波。1992年6月,在北安多弗(North Andover)梅里马科(Merrimack)学院举行的美国数学学会东北部春季会议上,她做了题为《小波:时间-频率分析的一种工具》的讲座,解释了小波的其他应用。在1993年美国数学学会的"小波的不同视角"会议上,她做了《小波变形和标准正交小波基础》的主题发言。

多贝西发展出新的方法,扩展了小波的应用。她和法国数学家阿尔伯特·科恩(Albert Cohen)和让-克里斯多夫·费伍合写了论文《紧致弹性小波的双正交基础》,发表在1992年的《理论数学和应用数学通讯》上。在论文中,他们引入了新的技巧,用两组互相标准正交的波形表达两维的图像,一组用于分解图像,另一组用于重构图像。当年,联邦调查局的研究员和洛斯阿拉莫斯(Los Alamos)的研究员就把这项技巧运用在存储数字信号和寻找对应的指纹上。小波纯量(WSQ)方法使人们能够把指纹的图像浓缩为20:1比例的图像,同时不会损失任何图像细节。1993年,联邦调查局把这项方法用来储存和匹配他们有两亿个指纹的数据库,节省了93%的储存所需空间。

在生物医学领域,研究者们用多贝西的技巧来处理和分析图像仪器产生的信号,比如心电图、脑电图和磁共振图像。因为小波不会因为小量数据在获取和转换过程的污损而发生变形,所以为解剖学领域的扫描提供了更为可靠的表达。除此之外,以小波为基础的图像可以更有效地分析畸形或疾病,因为它们更有效的表达减少了对信息处理的要求。

多贝西、科恩和费伍引入的双正交基础成为图像处理最为常用的小波。除了在生物医学和指纹分析领域的应用,其他领域的研究者们还用多贝西小波和双正交小波来寻找紊流系统中有意义的模型,比如机翼周围的气流、核反应堆中带电气体的路径,以及流经管道系统的水。地质学家利用声波穿越岩石层所得到的以小波为基础的图像,来分析物质的成分以及测量岩层、盐层和土壤层。电影中也把小波用在卡通人物的计算机动画上。音乐研究者用小波来识别和剔除录音过程中产生的静声噪音。2000年,小波使得图像处理领域的研究者可以引进储存图像的新的标准,比如JPEG文件。

多贝西小波如此广泛的影响,使多贝西获得了很多的肯定。1992年,她获得了约翰·D和卡瑟琳·T. 麦克阿瑟研究奖金,每年提供6万美元的奖金资助她的旅行和研究活动,连续提供5年。1997年,美国数学学会授予她卢特·吕特勒·萨特(Ruth Lyttle Satter)数学奖,奖励她在小波及其应用领域的先锋研究。1998年,美国数学协会接受她为会员;2000年,授予她美国数学协会数学奖。1998年,电和电子工程研究院推选她为研究员,并授予她信息理论学会尤比利(Jubilee)科技创新奖。1998年,多贝西获得国际视觉工程协会优秀成就奖。1999年,她被推选为荷兰皇家艺术与科学院外籍院士。爱德华·莱因(Edward Rhein)基金会因为她的发明、数学成就和小波应用授予她基础研究奖,这是该奖项设立的2 000项基础研究奖之一。2001年,美国数学协会提名她为俄勒·雷蒙德·海德里克讲师。

对波表达的继续研究

多贝西和法国数学家史蒂芬·雅法(Stephan Jaffard)与让-林·约纳(Jean-Lin Journe)发展了分析波的新的工具,把小波的优势和傅立叶序列的优势结合起来。在1991年的论文《指数式衰减简单维尔逊标准正交基础》中,他们引入了一组衰减的正弦和余弦的标准正交方程,它们的值随时间变小。他们的方法很快成为时间频率分析和偏微分等式(包括几个变量微商方程的等式)数值分析的标准工具。

1994年,多贝西成为新泽西普林斯顿大学数学系和应用与计算机数学项目(PACM)的教授。1997—2001年,她负责主持该项目,在项目中,选拔出来的本科生和研究生要接受严格的应用数学训练。从2004年起,她担任普林斯顿威廉·R.科南,Jr.的教授。在普林斯顿,她教授本科生和研究生课程,辅导博士生的研究,与博士后研究员以及同事合作。她还参与了幼儿园至12年级课程材料的设置,来反映当前数学的应用情况。

通过她近期和当前的研究,多贝西把小波的运用扩展到新的领域。1996年,她和IBM科学家施蒂芬·梅(Stephan Maes)为《医学和生物学中的小波》一书合写了题为"基于听觉神经模型的连续小波非线性压缩的变形"的章节。他们的合作研究把小波技术用于构造人类听觉过程的模型上。2002年,多贝西和科恩与布鲁克林工学院的电学工程师奥努尔·古勒瑞兹(Onur Guleryuz),以及莱斯大学的迈克尔·奥尔查德(Michael Orchard)合作,完成了论文《论将以小波为基础的非线性估计和译码策略结合在一起的重要性》,发表在电和电子工程研究院的《信息理论学报》上。他们的论文解释了仅仅把小波扩张的有限个最大系数用于产生数据的数字信号的优点和劣势。她与阿尔伯塔大学的数学家韩斌(音译)、威斯康星-麦迪逊(Wisconsin-Madison)大学的计算机科学家阿莫斯·荣(Amos Ron)、新加坡大学的数学家沈作为(音译)合著了论文《框架基:以

MRA为基础构建小波框架》，发表在2004年《应用和计算谐函数分析》上。在论文中，4位研究人员解释了框架基——一些特定类型小波系统的个体元素——是怎样为构建多个解分析（MRA）提供方法的。其他的工程师和科学家正尝试在多贝西等人的研究基础上，建立起分析由爆炸产生的震动波，为通过单一波导线的多种信号编码，以及改进天气预报的系统。

多贝西完成了一百多篇量子机械和小波领域的论文，指导了多名学生的博士研究。除此之外，她还通过为期刊、委员会和专业学会工作，为数学大家庭服务。作为期刊《应用和计算谐函数分析》的主编之一，以及其他十份期刊的编委，她审阅数学和科学研究的论文，帮助为未来的研究设定方向。多贝西也是美国国家数学委员会和欧洲数学界应用数学委员会的成员。她还是5个专业学会的成员，这些学会包括：美国数学学会、工业和应用数学学会、电和电子工程研究院和妇女数学协会。

 结语

英格丽·多贝西引入了紧凑弹力标准正交小波的概念，即多贝西小波。这个概念为信号和图像处理提供了可用的计算工具。她里程碑式的论文和经典著作成为这个课题引用率最高的著作。多贝西小波和她随后对双正交小波的引入，使得指纹、动画图像、电讯号、生物医学图像、地震波和音乐录音的有效存储，操控和分析成为可能。

十 莎拉·弗朗纳瑞

(1982—)

编译密码学的新算法

当她还是16岁的高中生时,莎拉·弗朗纳瑞(Sarah Flannery)发明了数字信息编码和破译的算法。在她获得国家和国际科学竞赛的项目中,她证明了她的算法比工业标准的RSA编译系统还要快。她现在是数学软件开发研究员。

莎拉·弗朗纳瑞为编译密码提出了有效的算法(Sion Touhig/CORBIS SYGMA)。

解智力题

1982年1月31日,莎拉·弗朗纳瑞出生在爱尔兰布拉尔尼(Blarney)的科尔克(Cork)村。父亲大卫·弗朗纳瑞是数学家,母亲莎拉·弗朗纳瑞是生物学家。她和她的4个兄弟,密歇尔、布里安、大卫和伊阿蒙恩在畜牧农场里长大,离科尔克技术学院(CIT)有8千米的路程。她的父亲在技术学院数学系任数学教授,母亲是兼职的微生物讲师。她的前6年教育是在当地的女子小学进行的,然后在圣母玛利亚学校度过了中学的6年,这所学校是布拉尔尼男女同校的中学。

孩提时代,弗朗纳瑞的父亲就鼓励她和她的兄弟解一些智力题。他在厨房里挂了一块黑板,上面写着难题。她5岁时解决的一个经典的问题是用能装5加仑水的水壶和能装3加仑水的水壶量出4加仑的水。另外一个难题是,如果一只小兔子掉在30米深的洞里,它白天向上爬3米,晚上向下掉2米,多少天能够爬出洞?还有一些问题,如一个农民要运一头狮子、一只山羊和一棵白菜过河,一只苍蝇在两辆相向行使的火车间飞来飞去,一只猴子在山上爬上爬下,3个选手参加赛跑等。

有一个智力题的解决很典型地反映了弗朗纳瑞的推理过程。这是用数字1, 2, 3……9来构成3×3的魔方。游戏要求把1—9这9个数放到9个方格中,使得每行、每列和每个斜线之和相等。弗朗纳瑞并没有依次尝试362 880种把数字放入格子中的可能性,而是按照逻辑推理得出一共有8种解法,且都是一种解法变体的结论。因为每个数字都会在矩阵中出现,她推理出3行之和为1+2+3+…+9=45。她得出结论说,每行、每列和每个斜线上的数字之和为15,并找出了构成和为15的8种组合。弗朗纳瑞观察到方阵中心的数字必须是5,因为这个位置的数字要进行4次加法运算(一列、一行和两个对角线),而只有5才有这个属性。又因为偶数2、4、6和8可以参加3次和为15的求和运算,而奇数1、3、7和9只能参加两次这样的运算,她推理说,偶数必须填在方阵的角上,而奇数填在剩

2	9	4
7	5	3
6	1	8

弗朗纳瑞的父亲让她和她的兄弟解答的一个智力题,是把1—9这9个数填到方格中去,使得每行、每列和每个对角线的和相等。图中是8种解中的一种。

下的4个非角位置。她还观察到方阵的8个解中的4个是另外4个的轮换,通过转动前4个解就可以获得后4个解,从而完成了她的分析。

　　魔方和其他的智力题训练了弗朗纳瑞的逻辑和数学思考能力,使她获得了很强的解题能力和抽象思维能力。多重战略和提出创造性的解题方法增强了她迎接挑战的信心。除了解智力题,弗朗纳瑞还对团队体育有浓厚的兴趣,包括篮球、盖尔式足球、环英长跑以及爱尔兰式曲棍球和一些个人的活动,包括划船、弹钢琴和吹六孔小笛。她还是狂热的骑马爱好者,常和她的马匹科莱蒂一起参加骑马越障表演。

参加科学展览的密码项目

　　1997年,作为10年级的学生,她决定在毕业前的第三年参加不用考试的、以项目为基础的过渡课程,为期一年。她和她的同班同学做了一个制造和销售圣诞卡片、装饰物的生意,在公司内销售股份,为他们的产品作市场营销,创造利润,最后公司解体。在到野外教育中心的旅行中,她和她的组员们学会了求生存的技巧,进行定向赛跑和使用绳索。在另外一个项目中,她在参加了专业的模特课程后组织和参加了一场时装秀。为了满足她对数学的兴趣,她每周六的上午参加一个科尔克大学组织的高中生"数学强化课程"。每周的一个晚上,她还要在科尔克技术学院参加父亲任教不拿学分的课程"数学漫步",在课程中她接触到了高等数学的思想。

　　这一年,她最耗时间的活动是参加科学展览的密码系统项目,研究编码和译码。她把从父亲的课堂上学到的知识和自己的独立研究的想法结合起来,解释了经典和现代密码系统的术语和基本思想。她解释了从两千年前罗马军事家所用的恺撒密码至20世纪后期发展出来的一系列公众关键密码系统(传输者使公众成为信息编码过程而不会泄漏如何解码)的方法。她用数学软件包Mathematica在笔记本电脑上执行了几个编写密码方法,把原文译为密码文,破译密码,然后把密码写回原文。

　　1998年1月,弗朗纳瑞到都柏林的波尔斯桥(Ballsbridge)皇家都柏林学会参加以萨特·杨(Esat Young)科学和技术展览,这是由爱尔兰电信和因特网公司以萨特电信有限公司资助的国家科学展览。她的展品"密码系统——关于秘密的科学"获得了个人中级数学、物理和化学类的一等奖，并在这个类别中获得最佳展品奖，还获得了英特尔优秀奖。作为英特尔奖的获得者，弗朗纳瑞在科尔克技术学院周六上午的课程中简要地介绍了密码系统，并代表爱尔兰参加英特尔国际科学和工程展览（ISEF）。这是英特尔公司资助的、1998年5月在得克萨斯举行的国际展览。

 凯勒–普尔瑟密码算法

　　1998年4月，弗朗纳瑞在巴尔的摩技术学院参加了一周的实习，这是一个总部设在爱尔兰的数据安全公司，也是她高中过渡年学习的另一要求。威廉姆·怀特（William Whyte），巴尔的摩的高级密码研究员，给了她一篇尚未发表的论文，是由公司创始人和首席密码研究员密歇尔·普尔瑟（Michael Purser）所写的。论文中，普尔瑟提出了用四元数（复数的四维一般化）为数字签名编码的方法。3天之内，弗朗纳瑞就掌握了高年级本科学生的基础算法数学知识，并且实施了这个系统。

　　完成实习后，弗朗纳瑞把普尔瑟的观点发展为一个密码框架，用2×2的非负整数矩阵来表示。她的方法基于选取两个大质数p和q，每个至少有100位，以及它们的乘积$n=p \cdot q$。所有的代数运算都是以n为模的，意味着每一次运算的结果都调整为0和$n-1$之间的相应的整数值。确认了一对矩阵后，A和C有$A \cdot C \neq C \cdot A$，她计算了B,D,E,G和K的矩阵，它们也在算法中有重要作用。每个2×2的矩阵P，代表了原文的4个字母，她的算法得出了编译的密码文矩阵$S=K \cdot P \cdot K$。当发出者发出密码矩阵的集合，附属的矩阵E，接受者

未来的数学

可以形成破译密码的键L,通过把矩阵E和C结合起来,然后破译每个密码文,通过简单的运算P=L·S·L。

弗朗纳瑞的算法和全球3 000万计算机系统使用的公共解码密码系统RSA算法有根本的区别。1977年,麻省理工学院的密码学家罗纳德·李维斯特(Ronald Rivest)、阿迪·沙米尔(Aldi Shamir)和利奥纳多·阿德曼(Leonard Adleman)发明了RSA方法。他们的技术基于两个大质数的产生,但是是用求幂而不是用矩阵乘法来编码和解码的。在分析n=p·q和m=(p−1)·(q−1)的结果基础上,3个人决定用两个正整数c和d,使得c·d=1为模,意思是对整数k来说,c·d=1+m·k。对每个2×2的原文矩阵P来说,它的算子通过幂运算或者多次乘法运算产生了编码后的密码文矩阵S=P^c。信息获得者可以用P=S^{d}的运算破译每个密码文矩阵。这两种算法的优势都在于,它们把200位的数字n的求商转化为了对大质数的运算。

为了使她的算法能够完全得以运行,弗朗纳瑞查阅了求矩阵商和根高级方法,寻找逆矩阵的方法以及模代数属性和组、环和有限场数学结构的学术文章。她用了数学软件包Mathematica来写程序,演算她的算法和RSA算法。她用两种程序来为德裔美国诗人马克斯·伊尔曼(Max Ehrmann)的诗"Desiderata"的12种版本编码和解码,并比较了两种程序的执行时间。她发现,她的算法比RSA算法更快。虽然她的编码键和密码文比RSA算法长大约8倍,但是矩阵乘法运算有效地减少了幂运算所需的运算量。她不能证明她的算法是安全的,也就是在不知道破译矩阵的情况下,编码文不能通过她的运算方法破译。但是她尝试了各种的偷袭,都经受住了检验。

1998年5月,在持续一星期的英特尔国际科学和工程展览会上,弗朗纳瑞改进后的项目获得了美国数学学会颁发的卡尔·孟格尔

106

（Karl Menger）纪念奖第三名，是数学类排名第四的大奖，以及英特尔2 000美元的成就奖。展览会后，她把她的算法命名为凯勒-普尔瑟（CP）算法，以纪念19世纪发明矩阵代数的英国数学家阿瑟尔·凯勒（Arthur Cayley）和发明四元素的密歇尔·普尔瑟（Michael Purser），普尔瑟所发明的以四元数为基础的密码系统被她调整为2×2的矩阵。

爱尔兰年度青年科学家

　　1998年秋季，弗朗纳瑞重修了父亲的"数学漫步"课程，并且进一步改进了CP算法。她改进了电脑程序，可以在200~300位整数的参模空间中运行CP和RSA算法。1999年1月的以萨特电信青年科学家和技术展上，她展出了她的项目，并且提交了长达50页的报告，题为《密码研究——一种与RSA相对的新算法》。她获得了物理、化学和数学类第一名，并荣获大赛全能奖，被提名为1999年"爱尔兰年度青年科学家"。在颁奖仪式上，爱尔兰总理贝尔提·阿恩（Bertie Ahern）向她授予了银质奖杯和1 000爱尔兰英镑（大约1 400美元）。因为获得了第一名，她得到了代表爱尔兰参加9月份在希腊举行的为期一周的欧盟青年科学家比赛的机会。

　　弗朗纳瑞的成果使她成了名，并获得了广泛的肯定。在接下来的3周里，她接受了来自当地、国家级的和国际报纸、杂志、广播电台和电视节目的300个采访。科尔克的市长提名她为月度科尔克人物，她得到了爱尔兰总统马里·麦克阿里瑟（Mary McAlese）的接见，信息技术展览IT@Cork的组织者赠送给她一台笔记本电脑。虽然她拒绝了报酬丰厚的百事广告的邀请，但她为"辣妹"乐队的宣传公司在他们的歌迷杂志中发表了一篇题为《聪明的辣妹——爱尔兰神童女孩的力量》的文章。一些媒体报道把她称为神童，并预测她的算法一旦被银行、商业界和政府部门采用，她就会成为富翁。经过全面考虑，她拒绝了多所大学的奖学金和许多商业机构的聘请，并决定不为算法申请专利。

她拒绝了很多大学请她在数学学院和计算机俱乐部做关于CP算法讲座的邀请，却接受了3个发言安排。她到新加坡为"国家科学精英研究大赛"闭幕式上做了发言。在IBM于意大利米兰举办的女性领导力会议上，向200位管理层人士介绍了她的项目。最后一个是在都柏林圣帕特立克学院都柏林数学教授协会年度会议上的发言。

媒体报道开始关注弗朗纳瑞算法的安全性。虽然她成功地用几类攻击证明了她的算法是成功的，但是这种算法还没有经过同行广泛的讨论过程，以确定这种密码系统是否完全安全。一位密码学数学家在阅读了她的报告后，指出了一个关键性的错误，这将使得人们可以用算法的公开部分建立破译密码文的矩阵。弗朗纳瑞与普尔瑟和怀特分析了这个漏洞，认为这个漏洞不可能得到弥补，CP只能作为一种有效的私人键算法，却不能够作为公开的密码系统。

1999年7—8月，弗朗纳瑞在德国布伯灵（Boebling）IBM的智能卡部门做了4周的实习。在实习的过程中，她用程序语言为智能卡编程。智能卡是一种包含微处理器芯片的塑料卡，类似于信用卡，可以储存信息，并在交易中修正信息。在电话、交通、银行和保险行业使用的卡比仅仅只用磁条这种简单技术的卡复杂很多，以确保安全性。

1999年9月，弗朗纳瑞在希腊举行的"欧盟青年科学家大赛"

上展示了她的成果。她的报告《密码学：和RSA相对的一种新算法的研究》，对两种算法的设计和表现进行了比较，在附录中指出了CP算法的数学缺陷使它不能用于公共密码系统。她获得了3项奖中的一个，并被提名为1999年"欧洲青年科学家"，获得了5 000欧元的奖励。和其他的获奖者一起，她参加了在瑞典举行的诺贝尔奖颁奖典礼，并参与了"青年科学家"座谈。

大学和职业生活

2000年，弗朗纳瑞高中毕业，成为剑桥大学皮特豪斯（Peterhouse）学院计算机科学专业的大学生。在课堂学习之外，她和父亲合著了一本关于CP算法以及4次科学展览经历的书。这本书名叫《密码之中———一次数学之旅》，也介绍了她所解过的智力题和一些密码书所需的基本数学知识。2001年夏季，这本书在美国发行，她到美国的8个城市作了关于这本书的巡回讲座。

2003年，弗朗纳瑞获得了剑桥大学计算机学士学位，并获得了在沃尔弗兰研究所科学信息组做助教的职位。沃尔弗兰研究所是开发Mathematica软件包的公司。她参加了2003年NKS暑期学校，这是由施蒂芬·沃尔弗兰（Steven Wolfram）、《新一类的科学》（A New Kind of Science）的作者和沃尔弗兰研究所的创建者资助的青年科学奖项目。在这次暑期项目中，她完成了"细胞机器人规则数699927和其他娱乐的研究"项目，研究了长方格中重复应用与相邻细胞状态有关的简单规则的模式。

在沃尔弗兰研究所，弗朗纳瑞的研究主要是开发技术软件，并参与公司的外部教育项目。2005年8月,她在澳大利亚悉尼的麦夸里(Macquarie)大学做了题为"用Mathematica软件包探索数学和科学"的讲座。在2005年11月沃尔弗兰研究院在爱尔兰和北爱尔兰的宣传中的,她做了一系列题为"在教学和研究中使用Mathematica"的演讲。

结语

莎拉·弗朗纳瑞因为研究和分析凯勒−普尔瑟密码系统算法获得了国家和国际科学竞赛奖。她证明了她的编码和解码方法比最重要的商务密码系统RSA快20倍,并解释了使它容易受到攻击的数学原因。作为剑桥大学的毕业生,她在沃尔弗兰研究所从事软件开发的工作。